autoricerca.com

AutoRicerca

No. 6, Anno 2013

AutoRicerca: No. 6, Anno 2013
Editore: Massimiliano Sassoli de Bianchi
Progetto grafico copertina: Paola Patocchi

AutoRicerca (ISSN 2673-5105) è una pubblicazione del *LAB – Laboratorio di AutoRicerca di Base* (www.autoricerca.ch), c/o *Area 302 SA* (www.area302.ch), via Cadepiano 18, 6917 Barbengo, Svizzera.

ISBN: 978-1-291-63131-9

INDICE

autoricerca.com

AVVERTIMENTO

Le pagine di un libro, siano esse cartacee o elettroniche, possiedono una particolarissima proprietà: sono in grado di accettare ogni varietà di lettere, parole, frasi e illustrazioni, senza mai esprimere una critica, o una disapprovazione. È importante essere pienamente consapevoli di questo fatto, quando percorriamo uno scritto, affinché la lanterna del nostro discernimento possa accompagnare sempre la nostra lettura. Per esplorare nuove possibilità è indubbiamente necessario rimanere aperti mentalmente, ma è ugualmente importante non cedere alla tentazione di assorbire acriticamente tutto quanto ci viene presentato. In altre parole, l'avvertimento è di sottoporre sempre il contenuto delle nostre letture al vaglio del nostro senso critico ed esperienza personale.

L'editore e gli autori degli articoli pubblicati non possono in alcun modo essere ritenuti responsabili circa le conseguenze di un eventuale cambiamento di paradigma indotto dalla lettura dei testi contenuti in questo volume.

autoricerca.com

EDITORIALE

Il primo numero di *AutoRicerca*, pubblicato nel "lontano" 2011, era dedicato al cosiddetto *stato vibrazionale*, una particolare condizione energetica che è possibile promuovere tramite un'attivazione dell'*energosoma*, matrice di collegamento tra il corpo fisico e i nostri veicoli di manifestazione più sottili. Con questo ultimo volume del 2013, riprendiamo il filo del discorso sull'*energia* (filo che a dire il vero non abbiamo mai perso), con quattro articoli dedicati a questo tema fondamentale.

È importante osservare che il concetto di "energia" è in grado di assumere diversi significati e interpretazioni, spesso incompatibili tra loro. Etimologicamente parlando, il termine deriva dal greco *enérgeia*, che significa "forza in azione."

Ma vediamo cosa riporta, tra le altre cose, un buon dizionario, come ad esempio il *Devoto Oli* (Le Monnier, 2004):

> L'atto, il principio determinante e attuante contrapposto alla materia (Aristotele); l'essenza della monade, centro dinamico e causa interiore dei suoi mutamenti (Leibniz); grandezza che esprime la capacità di un sistema di compiere lavoro e che, avendo le dimensioni fisiche di quest'ultimo, viene misurata in joule; si presenta in forme diverse a seconda dello stato in cui si trova il sistema o delle sue interazioni con l'ambiente; le sue trasformazioni avvengono rispettando il principio per cui in un sistema isolato l'energia totale rimane costante.

L'enciclopedia libera e collaborativa *Wikipedia* riporta invece, sempre alla voce "energia," quanto segue:

L'energia è la grandezza fisica che misura la capacità di un corpo, o di un sistema, di compiere lavoro, a prescindere dal fatto che tale lavoro sia o possa essere effettivamente svolto. Il termine deriva dal tardo latino *energīa*, che a sua volta deriva dal greco *ἐνέργεια* (*enérgeia*), termine introdotto da Aristotele in ambito filosofico per indicare ciò che esiste nella realtà in opposizione a ciò che risulta essere in "potenza" (*δύναμις*), ovvero solo possibile (*δυνατόν*), composto da *en*, particella intensiva, ed *ergon*, capacità di agire. Il concetto di energia può emergere intuitivamente dall'osservazione sperimentale che la capacità di un sistema fisico di compiere lavoro diminuisce a mano a mano che questo viene prodotto. In questo senso, l'energia può essere definita come una proprietà posseduta dal sistema, che può essere scambiata fra i corpi attraverso il lavoro.

In questo volume, ci occuperemo più particolarmente del concetto di *bioenergia*, altresì detta *energia sottile*, o *energia coscienziale*. Nel suo libro *Retrocognitions* (International Academy of Consciousness, 2004), *Wagner Alegretti* la descrive in questo modo:

> È impossibile comprendere la vasta gamma di manifestazioni della coscienza e delle sue parapercezioni senza comprendere il suo agente primario: la bioenergia. [...] Conosciuta sin dall'alba dei tempi, la bioenergia è in generale collegabile alle seguenti denominazioni: *acasa* (indù), *axé* (africano), bioplasma (V. S. Grischenko), *chi/qi* (agopuntura, Cina), energia astrale, energia biopsichica, energia cosmica, energia vitale, entropia negativa (E. Schrödinger), fluido magnetico (F. A. Mesmer), fluido psichico, fluido vitale (A. Kardec), forza eterica (radiestesia), forza vitale (C. F. S. Hahnemann), libido (S. Freud), luce astrale (H. P. Blavatsky), magnetismo animale (F. A. Mesmer), *od* (K. L. von Reichenbach), orgone (W. Reich), *prana* (yoga, India) e sincronicità (C. G. Jung). Questa energia è l'elemento centrale di tutti i fenomeni proieziologici, e più specificatamente delle proiezioni coscienti. È sta-

ta messa anche in relazione ai fenomeni paranormali, alle percezioni extrasensoriali, quali ad esempio le terapie parapsichiche, i poltergeist e la telecinesi. In fisica convenzionale, l'energia è definita come la capacità di un sistema di compiere un *lavoro*. In un'interpretazione più ampia, possiamo intendere quest'ultimo anche come cambiamento, dinamismo, o trasformazione. Similmente, la bioenergia, che a sua volta non può essere né creata né distrutta, ma solo trasformata, può essere intesa come il mezzo tramite il quale la coscienza si manifesta nella sua dimensione di attività o, in altre parole, il modo in cui essa compie lavoro coscienziale. […] Nella visione coscienziologica, la coscienza non rinasce mai nel vero senso della parola. Ciò che di fatto avviene è una "reincorporazione energetica" (riattivazione somatica); ciò significa che la coscienza, tramite il suo mentalsoma e psicosoma, si connette indirettamente al soma per mezzo dell'olochakra (energosoma). La conseguenza diretta di questo è che per vivere meglio nella dimensione fisica, sviluppare i nostri attributi più avanzati e superare le influenze genetiche e ambientali, al fine di portare a termine il nostro programma esistenziale, è necessario imparare a controllare pienamente e consapevolmente le   nostre bioenergie.

Il problema forse più delicato, da un punto di vista scientifico (ma non solo), è la difficoltà di rilevare, per mezzo di strumenti specifici, le "energie sottili," confermandone l'esistenza a prescindere dall'esperienza soggettiva che ognuno di noi è in grado di averne. Per dirla con le parole di *Roberto Zamperini* (*Anatomia sottile*, Macro Edizioni, 2004):

Oggi noi siamo in grado di misurare in molti modi la luce […]. Qualsiasi buon fotografo è in grado di regolare tempo e diaframma della sua macchina fotografica, sulla base della quantità di luce proveniente dal soggetto. Nel suo strumento, il fotometro, una fotocellula, trasforma, o meglio trasduce, la luce in energia elettrica. Nel fotometro la fotocellula è collegata ad un piccolo misuratore di energia elettrica che dice al fotografo, sia pure indirettamente, quanta luce c'è sulla *top model*, nel paesaggio o sulla torta di compleanno del figlioletto. Più luce, più corrente. Leggendo il valore elettrico si risale alla quantità di luce. Il dramma, con le energie sottili, è proprio l'assenza di uno strumento similare. Diciamo la verità: questo strumento non c'è ancora!

D'altra parte, come ribadisce lo stesso Zamperini nel succitato libro, pur non disponendo ancora di apparecchiature tecnologiche tridimensionali, in grado di rilevare stabilmente ed efficacemente questi elementi "altri" di realtà, in quanto più "sottili," è altresì vero che ognuno di noi ha ricevuto in dotazione (da prima ancora della nostra discesa sul piano intrafisico) un sofisticatissimo strumento di alta tecnologia multidimensionale: la nostra stessa "macchina" umana! Tutti noi siamo infatti possessori di un *olosoma* (l'insieme dei nostri veicoli di manifestazione), e questo nostro olosoma è prevalentemente composto da sostanze "sottili." Quindi, è indubbio che previa un sufficiente "allenamento energetico," chiunque sia in grado di percepire queste realtà non ordinarie (che sono non ordinarie solo dalla nostra prospettiva terrestre ordinaria).

La vastità del tema dell'energia, intesa soprattutto nella sua manifestazione più "sottile," legata alla para-anatomia e parafisiologia dell'essere umano, e l'importanza di un approccio principalmente pratico, cioè esperienziale, verrà sottolineata in modo semplice, e al contempo efficace, nel primo articolo di questo volume, a cura di *Andrea Di Terlizzi*.

L'interesse nell'acquisire maggiore sensibilità, consapevolezza e controllo della nostra sfera energetica, verrà altresì evidenziato da *Sandie Gustus*, nel secondo articolo di questo numero, dove l'autrice illustrerà in particolare le tre modalità di base di mobilizzazione energetica: assorbimento, donazione e circolazione interna.

I due articoli successivi, scritti da *Massimiliano Sassoli de Bianchi*, cercheranno invece di inquadrare il tema dell'energia da un punto di vista più teorico. Nel primo, l'autore offrirà un'importante chiarificazione concettuale circa la nozione stessa di energia, smascherando numerosi luoghi comuni, spesso diffusi dagli stessi addetti ai lavori. Ad esempio, è proprio vero che materia ed energia sono concetti equivalenti? Ed è vero che esistono diverse forme di energia? Come vedremo, l'autore fornirà risposte inattese a queste domande fondamentali, aiutandoci a fare più chiarezza nei nostri pensieri.

Il secondo articolo affronterà invece la questione della separazione tra la dimensione fisica e le dimensioni extrafisiche. Qui l'autore svilupperà un modello ultra semplificato – una sorta di metafora scientifica – in grado se non di spiegare, quantomeno di illustrare, le ragioni per cui una sostanza extrafisica interagisce solitamente così debolmente (salvo circostanze particolari) con una sostanza fisica, e viceversa.

Buona lettura, buono studio e, soprattutto, buon lavoro con l'energia!

L'Editore

autoricerca.com

A PROPOSITO DEGLI AUTORI

Andrea Di Terlizzi, saggista, conferenziere e studioso di scienze antiche, consulente e formatore nell'arte oratoria, nel linguaggio corporeo e nella scienza della comunicazione, opera da trent'anni nel settore dello sviluppo del potenziale umano. Creatore di *Improving Skill Project*, metodo di formazione individuale, e cofondatore dell'*Accademia Horus* (con Walter Ferrero), è autore di numerosi testi sulla ricerca interiore e sullo studio della mente. Ha iniziato i suoi studi nel 1980, viaggiando alla ricerca di quella "conoscenza radice" che per secoli è stata alla base della formazione delle antiche dinastie che hanno contribuito al progresso della civiltà sul pianeta. Attualmente tiene corsi di formazione in tutta Italia e si occupa di coaching individuale per l'implementazione delle facoltà umane.

Sandie Gustus possiede competenze professionali nell'ambito del marketing e della comunicazione. Ha vissuto e lavorato nella sua nativa Australia, in Francia, negli Emirati Arabi Uniti, in Svizzera e nel Regno Unito. È laureata in lettere, ha conseguito un diploma post-laurea di insegnamento, ed è un'operatrice accreditata in pubbliche relazioni (Accredited Practitioner CIPR). Attualmente vive a Parigi, dove gestisce le comunicazioni interne (IC) per una multinazionale giapponese. È stata relatrice in numerose conferenze internazionali, quali la "Scientific and Medical Network conference" e la "Body and Beyond 3," oltre che conferenziera presso il famoso "Watkins bookstore" di Londra. Quando era istruttrice della *International Academy of Consciousness* (IAC), ha insegnato nel Regno Unito, in Finlandia e nei Paesi Bassi. Ha tenuto numerose interviste radiofoniche ed è stata di recente intervistata per un documentario televisivo sulle esperienze fuori del corpo.

Massimiliano Sassoli de Bianchi ha compiuto studi nel campo della fisica teorica, conseguendo il titolo di docteur ès sciences (*PhD*) presso l'École Polytechnique Fédérale di Losanna, con una tesi sulle osservabili temporali in meccanica quantistica. Attualmente la sua ricerca verte principalmente sui fondamenti delle teorie fisiche. Oltre alla ricerca scientifica convenzionale, s'interessa di ricerca interiore (autoricerca), promuovendo una visione multiesistenziale e multidimensionale dell'evoluzione umana. Ha scritto saggi, testi di divulgazione scientifica, racconti per ragazzi, e ha pubblicato numerosi articoli specialistici in riviste di livello internazionale, sia nel campo della fisica che in quello dello studio della coscienza. È membro a vita dell'American Physical Society, dell'American Association of Physics Teachers, oltre che membro della Society for Scientific Exploration e dell'International Academy of Consciousness. Attualmente dirige il *Laboratorio di Autoricerca di Base* (LAB), in Svizzera, ed è l'editore della rivista *AutoRicerca*. Per maggiori informazioni: *www.massimilianosassolidebianchi.ch*.

UNA SOTTILE RETE DI LUCE

Andrea Di Terlizzi

> *"Tutto ciò che chiamiamo reale è fatto di cose che non possiamo considerare reali. Se la meccanica quantistica non ti ha provocato un forte shock, significa che non l'hai capita bene."* [Niels Bohr]

Queste parole, del fisico e accademico danese *Niels Bohr*, ben introducono ogni argomentazione su una delle più sfuggenti e controverse materie di discussione: l'*energia*.

Richard Feynman (premio Nobel per la fisica nel *1965*), ha detto: *"È importante comprendere che nella fisica non abbiamo nessuna idea di che cosa sia l'energia."*

Certamente la fisica ha fatto passi da gigante, ma – ancora oggi – questo argomento risulta ostico per qualsiasi scienziato e, cercare di definire la natura oggettiva di ciò che chiamiamo energia, rimane un compito improbo.

Già *2'500* anni fa, gli *atomisti greci,* osservavano come non si possa produrre alcuna azione effettiva partendo dal "nulla". Nella loro metafisica, la seguente massima sintetizzava chiaramente il concetto: *"nulla si crea e nulla si distrugge, altrimenti da qualunque cosa potrebbe nascerne qualunque altra."*

Ciò sottende l'esistenza di "qualcosa" che sta alla "base" di tutto ciò che esiste, una sorta di "rete" primordiale che compenetra la materia visibile e invisibile.

Gli scienziati moderni sono giunti alla conclusione che l'*energia* non sia una "sostanza." Certamente definire qualcosa di tanto sfuggente è piuttosto complesso e terminologie come "immagazzinare energia" e "sorgenti energetiche," comunemente usate, devono essere considerate semplici modi di dire, miranti a favorire la comunicazione nel linguaggio comune.

Dal punto di vista scientifico si preferisce catalogare gli effetti differenziati dell'*energia*, ben sapendo che nessuno di essi può essere identificato nella "forza" originaria che è alla base di una qualsiasi catena di effetti.

Energia meccanica, energia potenziale, energia cinetica, energia elettrica, energia nucleare, energia sonora, energia termica, energia elettrocinetica, sono solo una parte delle diversificate manifestazioni di *energia* alle quali è stato dato un nome.

Ma la scienza moderna è la prima lente puntata dall'uomo su questa indefinibile realtà? Certamente no. È stupefacente osservare come sull'*energia* siano stati scritti complessi trattati già migliaia di anni fa, che questa "forza basale" sia stata oggetto di studi pratici e che alcune scienze metafisiche abbiano fondato gran parte della loro tecnologia concreta sulla conoscenza dell'*energia* e sul modo per servirsene nel campo della medicina e dello sviluppo individuale.

Pensiamo ad esempio all'agopuntura cinese. Tutta la sua teoria si basa sul concetto di *energia*. Secondo la medicina cinese il nostro corpo è percorso da circa *35* meridiani, ossia canali energetici attraverso i quali fluisce il "qi" (chi), termine che descrive l'*energia sottile*, ossia quell'indefinibile forza che permette il mantenimento e la regolazione dei processi organici e psichici.

In India, questi "capillari" che costituiscono la struttura energetica, sono detti *nadi* (ne vengono elencati circa 72.000), e l'energia che fluisce tramite essi è detta *prana*. Sono altresì elencate differenti forme di *prana*, secondo le funzioni che svolgono.

Nomi diversi per definire una sola realtà.

Sembrerebbe che, sull'*energia*, in alcune antichissime culture esistesse una conoscenza assai più concreta e precisa di quella attuale. Naturalmente si può essere tentati di ritenere che tali vetuste teorie sull'*energia* fossero basate su visioni semplicistiche, rispetto a quelle attuali. Bisogna però considerare un fatto inequivocabile: scienze concrete ed efficaci, come l'agopuntura o lo yoga (per citare le più conosciute), generano effetti pratici incontrovertibili. Pensare che da una teoria semplicistica ed errata si siano generati prodotti tanto affidabili ed efficienti, è poco razionale. È più logico ritenere che in epoche remote si conoscesse realmente qualcosa di profondo e veritiero, che in seguito è andato perduto, lasciando ai posteri unicamente le scienze pratiche provenienti da tale sapienza (ed anche molti testi, scritti però in un linguaggio simbolico non sempre facile da decifrare).

Secondo la visione antica l'*energia* è alla base stessa di tutto ciò che esiste, compenetrando e trascendendo anche la materia visibile. Può essere definita la "linfa vitale" della vita. Nel Vangelo di Giovanni si legge che *"Al principio era il Verbo."* Analogamente, la tradizione vedica (India) sostiene che tutto abbia avuto origine da un suono, simbolicamente descritto con la sillaba *Om*.

Associare queste immagini ad una forma conosciuta di *energia*, quella sonora, è naturalmente abbastanza semplicistico, perché il "suono" di cui si parla nel contesto non ha nulla a che vedere con ciò che possiamo identificare con tale nome.

Eppure il "suono," inteso come vibrazione che si propaga, è la prima descrizione possibile del concetto di *energia*. Il Verbo di Giovanni e l'Om induista sono espressioni di ciò da cui origina tutto ciò che conosciamo.

Per usare un linguaggio moderno, l'*energia* può essere descritta come l'effetto percepibile e agente di un "aspetto" di ciò che – prima del *big bang* – era inagente e immanifesto. Essa è l'emanazione di "qualcosa" che preesiste alla sua espressione percepibile e – contemporaneamente – parte stessa di quella "cosa." Parliamo quindi di un "tessuto" primordiale che permette la manifestazione di un universo in espansione e che al tempo stesso ne sorregge ogni processo.

Da questo punto di vista, non sorprende che la fisica moderna sia molto cauta nel definire la natura essenziale dell'*energia*, limitandosi a studiarne e descriverne gli innumerevoli effetti.

Assolutamente più interessante – dal punto di vista pratico – è l'esperienza diretta che possiamo fare dell'*energia* (o meglio di alcune sue manifestazioni), proprio attraverso la tecnologia provenuta dalle culture che hanno enunciato conoscenze estese sull'argomento.

Il *tai chi chuan*, ad esempio, originato dalle conoscenze taoiste (Cina), permette di percepire in modo veramente nitido l'*energia* che dal corpo umano si diffonde in un'area circostante. Naturalmente è richiesta una certa esperienza per riuscirci, ma è davvero qualcosa che può sperimentare chiunque, solo attraverso l'allenamento.

Anche le tecniche respiratorie dello *yoga* permettono di osservare concretamente come talune forme di *energia* siano non solo percepibili, ma addirittura direzionabili per scopi precisi.

Parliamo qui di un mondo che negli ultimi decenni è stato spesso oggetto di disquisizioni pubbliche, non sempre opportunamente condotte. Il metodo scientifico presuppone che una qualsiasi scoperta debba essere dimostrata tramite sperimentazioni ripetibili, o attraverso formule matematiche inopinabili.

Forse, proprio per questo, la comunità scientifica fatica ancora a muoversi nell'ambito della sperimentazione soggettiva (un'area che però potrebbe dare origine a intuizioni importanti).

Eppure, molte delle cose facenti parte della nostra quotidiana realtà, sfuggono ancora alla pur giustificabile pretesa di misurare e soppesare la realtà in modo accettabile per chiunque. Noi tutti pensiamo e proviamo emozioni, ma se non si trattasse di un'universale e comune esperienza, chi volesse descriverla non potrebbe in alcun modo dimostrarne all'esterno la realtà.

È stata dimostrata in modo evidente la relazione esistente tra il cervello e i pensieri? Sono state analizzate moltissime reazioni del cervello e si è mappato quasi tutto l'encefalo, osservando quali porzioni presiedono alle funzioni e attività mentali più comuni. Nessuno, però, è in grado di dire se il pensiero nasca direttamente dalla massa encefalica, oppure se quest'ultima funga esclusivamente da tramite tra una funzione immateriale e la sua controparte organica.

Ultimamente sono stati scoperti casi di individui adulti e bambini con la maggior parte della scatola cranica priva di cervello (il quale era ridotto dalla nascita a dimensioni che in teoria non avrebbero dovuto consentire una vita normale). Eppure, in alcuni casi, si tratta di individui inseriti nella società e perfettamente pensanti, tanto che la scoperta delle loro condizioni cerebrali è avvenuta in modo casuale, nel corso di esami clinici del tutto banali. Cosa permette loro di condurre una vita ordinaria, in mancanza di funzioni cerebrali tanto vitali?

Quando parliamo di *energia* occorre tenere in considerazione quante cose rimangono tutt'oggi inspiegabili, malgrado gli elevati progressi scientifici in tutti i campi.

L'*energia* fa parte di quei "misteri" che paradossalmente possono essere parzialmente svelati da chiunque, attraverso l'esperienza empirica.

Secondo tradizioni antiche appartenenti a differenti culture, ciò che definiamo *energia* promuove e sorregge tutte le funzioni, fisiologiche, emozionali e psichiche. Essa rappresenta anche il "carburante" tramite cui è possibile accedere – nella sfera del potenziale umano – a possibilità altrimenti inaccessibili.

Le conoscenze antiche sostengono che oltre ad un'anatomia e una fisiologia materiali, dense e percepibili tramite i sensi fisici, esistono un'anatomia e una fisiologia "sottili" e non misurabili da strumentazioni esterne.

Prima che l'atomo fosse scoperto, la natura di una realtà così infinitesimale alla base della materia visibile, non era ipotizzabile. Possiamo considerare quindi l'esistenza di un "tessuto energetico" non ancora percepibile dalle strumentazioni moderne, che costituisce una complessa rete con suoi specifici centri vitali, connessi da un lato all'anatomia densa e dall'altro ad aspetti ancora più rarefatti presenti nell'universo in cui viviamo.

La comprensione di un concetto allargato di *energia,* permette anche di rileggere i miti e le tradizioni che parlano si sfere "spirituali" e immateriali, ossia della possibile esistenza di forme di vita e di habitat formati interamente dagli aspetti più rarefatti di ciò che chiamiamo *energia.*

In questo senso, possiamo leggere la materia conosciuta come una forma di *energia* che si manifesta ad una particolare frequenza vibratoria, rovesciando in tal modo l'idea che la realtà concreta sia materiale, visibile e misurabile, in contrapposizione ad una realtà immateriale e spirituale.

Diciamo invece che esiste una sola "sostanza" in tutto l'universo, che si manifesta in differenti modi; solo una piccola parte di questa è rappresentata da ciò che noi conosciamo con il nome di "materia." Anche quest'ultima, però, è interamente imbevuta da strati energetici più sottili, che la connettono a porzioni più ampie.

Secondo questa visione, l'universo in cui viviamo è quindi immensamente più vasto di quanto appaia, perché la parte maggiore è composta da energia meno densa e visibile di quella materiale.

Quando e se la scienza dovesse riuscire ad appurare la veridicità di ciò che alcune antiche tradizioni affermano da millenni, potrebbe scomparire una delle più comuni diatribe sulla credibilità di una realtà spirituale connaturata nell'essere umano e nell'universo nella sua completezza.

Parleremmo allora di una manifestazione immensa di energia, con universi paralleli, frequenze vibratorie differenti e leggi diversificate. Lo studio dell'*energia* inerente alla struttura psicofisica umana, diventerebbe una possibile porta di accesso per comprendere la natura stessa del cosmo e potenziali fino ad oggi inesplorati, contenuti nella struttura energetica dell'uomo stesso.

Potrebbe essere l'inizio di una nuova alba per il genere umano, nella quale ricerca scientifica e ricerca spirituale diventerebbero le due facce di un'unica medaglia, e si cesserebbe di relegare la saggezza antica nell'ambito della superstizione.

"La mente è come un paracadute: funziona solo quando si apre." [Albert Einstein]

BIOENERGIA

Sandie Gustus

RIASSUNTO. Scopo principale di questo articolo è quello di descrivere, in termini semplici ed accessibili a tutti, alcune delle proprietà e caratteristiche della bioenergia, analizzando in particolar modo il ruolo che essa ricopre nella nostra esistenza multidimensionale. Indicheremo altresì quali esercizi è possibile praticare per accrescere la nostra capacità e sensibilità energetica, e per difenderci in modo efficace dalle numerose energie assedianti che ci circondano.

autoricerca.com

BIOENERGIA: UNO SGUARDO INDIETRO

Nessuno è libero se non è padrone di se stesso.
- Epitteto

In *coscienziologia* il termine *bioenergia* viene usato per descrivere il fondamento del campo energetico individuale, che emana da, ed abbraccia, ogni essere vivente.

Sebbene la bioenergia non possa essere rilevata tramite i sensi fisici, la sua esistenza è stata riconosciuta da quasi ogni tradizione spirituale. *John White* (che con l'astronauta *Edgar Mitchell* ha fondato l'istituto *IONS*, di scienze noetiche) e *Stanley Krippner*, hanno affermato a riguardo che si trovano riferimenti ai campi energetici umani, o all'aura del corpo, in *97* diverse culture del pianeta [WHITE & KRIPPNER, 1977].

Sinonimi comunemente usati per descrivere questo tipo di energia includono *qi/chi* (Cina), *prana* (India), energia sottile, energia vitale, fluido vitale (spiritismo), energia vitale universale (Rei-Ki), energia astrale ed energia cosmica. Ma ne esistono numerosi altri; vedi ad esempio [VIEIRA, 2002].

Già a partire da *5000* anni fa, la bioenergia fu riconosciuta nella tradizione spirituale indiana come fonte universale della vita tutta. La chiamavano *prana*. Furono gli yoghi a proporre il sistema delle nadi e dei chakra, come punti localizzati in tutto il corpo energetico (doppio eterico) attraverso i quali l'energia viene scambiata tra il corpo extrafisico e quello fisico. Questi formano anche i canali attraverso i quali assorbiamo ed emettiamo (esteriorizziamo) energia da e verso l'ambiente. Entrambi questi processi sono necessari per il mantenimento dei nostri livelli di energia e per il sostentamento della nostra vitalità, salute, longevità e, in ultima analisi, della vita stessa.

I praticanti di *Qi Gong* hanno riconosciuto numerosi benefici connessi al raggiungimento di un certo livello di competenza o di padronanza del loro *chi*, tra cui un miglioramento delle abilità psichiche quali la telepatia e la chiaroveggenza, e un accrescimento generale della consapevolezza (psichica) di ciò che accade attorno a loro extrafisicamente, istante dopo istante.

Si è anche riscontrato che questi effetti, a loro volta, sono in grado di promuovere complessivamente un processo di guarigione e maturazione spirituale.

Secondo l'*Oxford Dictionary of World Religions*, tutte le religioni contemplano una visione più o meno olistica della guarigione, che viene compresa nel contesto più ampio della vita, riconoscendone lo stretto rapporto con l'"unità psicosomatica del soggetto umano" [Bowker , 1997], la quale comprende il corpo energetico.

Molti scienziati hanno tentato di ideare apparecchiature per la rilevazione e la registrazione delle bioenergie. Nella fotografia Kirlian, scoperta per caso dal russo *Semyon Kirlian* nel *1939*, si applica un campo elettrico ad alta tensione a un oggetto posto su una lastra fotografica, impressionando così quest'ultima con un'immagine dei segnali emessi, che si dice sia una rappresentazione del campo bioenergetico dell'oggetto in questione [Trivellato & Gustus, 2003]. Uno sviluppo più recente è lo scanner PIP (*Polycontrast Interference Photography*), ideato dallo scienziato britannico *Harry Oldfield*. Questo sistema utilizza una telecamera digitale e un programma per computer alfine di analizzare il modo in cui il campo bioenergetico di una persona interagisce con la luce, e generare in questo modo un'immagine dinamica dell'aura della persona.

Tra gli altri esperimenti condotti da scienziati in questo campo, molte indagini di valore, quali la ricerca sul campo energetico umano – *Human Energy Field* (HEF) – condotta dal Dr. *Victor Inyushin* presso la Kazakh University in Russia [Alvino, 1996], hanno confermato l'esistenza di una relazione tra l'equilibrio del proprio campo di energia e uno stato di buona salute.

La ricerca sui fenomeni parapsichici ha altresì dimostrato che la bioenergia è una componente intrinseca di numerosi fenomeni, tra cui: piegare oggetti di metallo con la sola forza di volontà, spostare oggetti senza toccarli, produrre smaterializzazioni e rimaterializzazioni, manifestazioni di ectoplasmia (quando la bioenergia si condensa e si manifesta sotto forma di una sostanza, denominata ectoplasma)

[VIEIRA, 2002], omeopatia, poltergeist, teletrasporto, telepatia e chirurgia psichica [TRIVELLATO & GUSTUS, 2003].

Nonostante un ampio riconoscimento nel corso della storia, in diverse culture, religioni e campi di ricerca, la bioenergia resta, nel complesso, un aspetto di scarsa rilevanza nel moderno mondo materialistico occidentale, poiché solo poche persone ne hanno una consapevolezza e conoscenza diretta, il che rende la seguente citazione di Winston Churchill particolarmente azzeccata nel descrivere la situazione:

"A volte l'uomo inciampa nella verità, ma nella maggior parte dei casi si rialzerà e continuerà per la sua strada."

Che ne siamo consapevoli o meno, la bioenergia svolge un ruolo fondamentale nella vita quotidiana di tutte le persone, dalle più ordinarie alle più energeticamente sensibili. Ma vediamo ora di spiegare come funziona.

BIOENERGIA: PROPRIETÀ E CARATTERISTICHE[1]

Il vostro campo bioenergetico è una parte di voi, in stato di flusso continuo; si adatta, reagisce, cambia, risponde e scambia costantemente energie, attraverso i *chakra* e le *nadi*, con gli altri esseri viventi e con l'ambiente.

In sé e per sé, la bioenergia è neutrale. Nel caso degli esseri umani, tuttavia, è legata indissolubilmente ai pensieri (consci, subconsci o inconsci) e alle emozioni di una persona. Quindi, se il campo bioenergetico personale di un individuo è positivo, questo è perché i fattori che guidano i suoi pensieri e sentimenti, come le sue idee, intenzioni, l'etica, gli interessi e gli obiettivi, sono positivi. Tutte queste informazioni vengono portate dalle energie della persona. Allo stesso modo, naturalmente, pensieri e sentimenti negativi produrranno energie negative. In poche parole, la qualità delle energie di una persona è determinata

---

[1] Gran parte del contenuto di questa sezione è tratto da un articolo che l'autore ha scritto nel 2003 in collaborazione con *Nanci Trivellato* [TRIVELLATO & GUSTUS, 2003].

dalla qualità dei suoi pensieri e delle sue emozioni.

Come è vero che pochissime persone sono in una condizione di piena consapevolezza di sé, ben pochi sono coloro che hanno un pieno controllo della qualità del proprio campo energetico. Come indicato nell'articolo precedentemente menzionato, "poiché il nostro campo energetico è aperto, flessibile e 'poroso,' se non abbiamo una buona consapevolezza e un buon controllo delle nostre energie, saremo inevitabilmente soggetti all'influenza delle energie delle persone e degli ambienti che ci circondano. D'altra parte, indipendentemente dal nostro livello di consapevolezza, influenzeremo a nostra volta, in diversa misura, i campi energetici delle persone e dei luoghi con cui interagiamo nel nostro quotidiano." [TRIVELLATO & GUSTUS, 2003].

Un esempio che illustra bene questi processi, che a molti risulterà familiare, è quando la nostra disposizione fisica, psichica o mentale cambia quale conseguenza di essere entrati in contatto con un'altra persona. Può il semplice fatto di rimanere nella stessa stanza con una determinata persona produrre, ad esempio, una forte irritazione, far scemare la nostra motivazione, o farci perdere la nostra razionalità?

Gli scambi energetici spiegano anche perché possiamo istintivamente sentire un legame, o una certa familiarità, con persone che condividono la nostra visione della vita, mentre possiamo sentirci a disagio, irritabili, o anche provare malessere, in mezzo a gente con cui non abbiamo niente in comune.

Un altro esempio di una reazione inconscia alle bioenergie altrui si verifica quando ci accoppiamo energicamente con una persona con cui passiamo molto tempo, tanto da finire con l'assimilare le sue emozioni, o i suoi disturbi fisici, e cominciare a sperimentare tutto ciò che sente; ad esempio: calma, euforia, dolore, depressione, oppure anche un dolore fisico, come un mal di testa [TRIVELLATO & GUSTUS, 2003]. L'accoppiamento energetico si verifica quando i campi bioenergetici di due persone si sovrappongono e si interpenetrano, come illustrato nell'immagine che segue.

Possiamo assimilare la disposizione di chi ci sta vicino attraverso un processo di accoppiamento energetico.

Così come la qualità delle energie delle persone varia nel tempo, lo stesso vale per le modalità con cui le persone scambiano energia con gli altri e con l'ambiente. Quando ci sentiamo bene con noi stessi, rilassati, sicuri, e disponibili verso gli altri, le nostre energie sono in genere più aperte e sono in grado di fluire più intensamente e rapidamente. D'altra parte, quando reprimiamo le nostre emozioni, o ci tormentiamo per alcune cose, come quando abbiamo il cuore spezzato, oppure sentiamo che qualcuno ci ha fatto del male, o non riusciamo a perdonare a noi stessi un errore, le nostre energie possono facilmente bloccarsi.

Molte forme di medicina complementare non solo riconoscono l'effetto che i blocchi energetici possono avere sul nostro benessere fisico, ma anche il rapporto specifico tra l'ubicazione dei blocchi e la natura specifica della malattia. Ad esempio, il non riuscire ad esprimere apertamente i propri veri pensieri, per paura di quello che la gente potrebbe pensare di noi, può causare un blocco del *laringochakra* (chakra della gola), che dopo un certo tempo può portare a un problema alla tiroide; allo stesso modo, l'incapacità di affrontare la causa di uno stress che ci procura un nodo allo stomaco, potrebbe alla lunga portare a un blocco dell'*ombelicochakra*, in grado di causare disturbi digestivi come ipocloridria (bassa acidità), infiammazioni dello stomaco, ulcere, o addirittura il cancro.

LA SOTTILE INFLUENZA E I POTENTI EFFETTI DEI CAMPI BIOENERGETICI

Abbiamo visto come la sola presenza di una persona e del suo campo energetico possano incidere o influenzare un'altra persona, a livello individuale. Ma lo stesso processo può manifestarsi anche su scala molto più ampia. Quando si è in presenza di un gruppo di persone, i cui pensieri, emozioni ed energie sono allineati, il potere di influenza del gruppo può essere sufficiente a cambiare il modo in cui altre persone pensano, sentono o si comportano.

Questo può avvenire secondo modalità a volte del tutto evidenti, ma altre volte così sottili che non sempre siamo consapevoli di ciò che realmente sta accadendo. Quando le persone dicono "mi sono fatta/o trascinare," oppure, "mi sono fatta/o prendere la mano," o che "la situazione mi è sfuggita di controllo," fanno di fatto riferimento a questo processo.

L'autore e guaritore *William Bloom* ci fornisce un esempio significativo della potenza dell'effetto delle energie di una massa di persone, nel suo libro *Feeling Safe* [BLOOM, 2002], quando scrive:

"In tutto il mondo è possibile osservare individui e gruppi di persone improvvisamente coinvolti in movimenti di massa, comportarsi in modi che non avrebbero mai pensato fossero possibili. Forse ricorderete le fotografie di donne ruandesi, armate di machete e coltelli – tra cui anche madri di famiglia, professioniste e donne con un'istruzione superiore – mentre furiose si accingono a uccidere e mutilare i membri di un altro gruppo etnico. Ovviamente, siamo qui in presenza di un campo di energia di massa, contenente violenza e aggressività. Queste donne, solitamente benevole, sono state sopraffatte dalle energie istintive del branco, che le ha portate ad assecondare un comportamento di tipo psicopatico."

Gli episodi di vandalismo violento, durante le partite di calcio allo stadio, forniscono un altro esempio di questo processo. Avvenimenti di questo genere solitamente hanno origine in alcune sacche di individui estremisti, i cui pensieri fanatici tendono a separare la folla dei tifosi tra coloro che sono "con" loro, e coloro che non lo sono; abbiamo qui a che fare con pensieri che si combinano con emozioni cariche di ostilità e antagonismo. Nello stesso modo in cui un coro o una "ola messicana" possono essere recepiti e riprodotti da decine di migliaia di persone, durante una partita di calcio, anche le energie che trasportano i pensieri, le emozioni e le intenzioni di alcuni hooligan possono propagarsi attraverso la folla, in una sorta di contagio bioenergetico, andando a toccare coloro che hanno una qualche affinità con queste idee, crescendo così progressivamente di intensità. In questo modo, la pressione generata da questo tipo di campo energetico aumenta, come in una pentola a pressione, fino a quando è sufficiente un piccolo episodio, come un pugno, per innescare una pericolosa sommossa.

Un campo bioenergetico non fa riferimento unicamente a individui o gruppi di persone: può definire anche le caratteristiche di un intero luogo. Consideriamo ad esempio i grandi magazzini di lusso lungo Oxford Street, a Londra. Quasi ogni giorno dell'anno, ogni anno, centinaia di donne si accumulano al loro interno per acquistare in modo frenetico gli ultimi capi alla moda. La musica è allegra, i commessi hanno tutti un aspetto molto "cool" nei loro vestiti di marca, i pensieri degli acquirenti sono tutti concentrati unicamente sul loro aspetto esteriore, e migliaia di dollari di transazioni hanno luogo ogni ora. Le energie presenti in questi negozi, che si rafforzano su base giornaliera, sono cariche di un mix inebriante di divertimento, flirt, eccitazione, sessualità, ansia, desiderio di prevalere sugli altri, euforia e dipendenza da quel senso di abbondanza che alcune persone traggono dalla "terapia dello shopping," quale compensazione dell'inappagamento che vivono in altre aree della loro vita. Provate a passare mezz'ora in un negozio di questo genere e a uscire senza essere stati quantomeno tentati di comprare qualcosa; può essere un ottimo esercizio per osservare le sottili influenze in gioco.

Il campo bioenergetico di un luogo specifico può avere altrettanto facilmente un'influenza su una scala molto più ampia. L'innegabile potere delle energie collettive di un intero paese è stato molto ben ritratta nel film di *Bowling for Columbine*, di *Michael Moore*. Il film, che ha vinto l'Oscar 2003 come migliore documentario, esplora l'ossessione americana per le armi da fuoco e mostra come, nel corso di molti decenni, i politici e i media abbiano promosso tra gli americani una cultura intrisa di paura e paranoia riguardo ai crimini violenti. Questa paura e paranoia si focalizza perlopiù sugli afro-americani e gli arabi, e la maggior parte degli americani ritiene davvero di essere costantemente in pericolo. Per difendersi da questa minaccia apparente, sostengono leggi che facilitano l'acquisto di armi e munizioni, dando vita così, per ironia della sorte, a gran parte di quella violenza e criminalità che essi stessi temono. Le seguenti statistiche dimostrano in modo impressionante quanto può essere influente l'azione di un campo bioenergetico, quando le persone si lasciano influenzare su ampia scala:

• Circa 30'000 americani muoiono per ferite da arma da fuoco ogni anno. Di questi, circa 1'250 sono la conseguenza di sparatorie non intenzionali (*Coalition to Stop Gun Violence*).
• Il tasso di decessi da arma da fuoco tra i giovani al di sotto dei 15 anni è quasi 12 volte superiore negli Stati Uniti che nella totalità di altri 25 paesi industrializzati (*Centers for Disease Control and Prevention*).
• I bambini americani hanno una probabilità 16 volte superiore di essere uccisi da un'arma da fuoco, 11 volte superiore di suicidarsi con un'arma da fuoco, e 9 volte superiore di morire a causa di un incidente d'arma da fuoco, rispetto alla totalità dei bambini di 25 altri paesi industrializzati (*Centers for Disease Control and Prevention*).

Senza saperlo, Michael Moore fa di fatto riferimento ai campi bioenergetici quando mette in evidenza le notevoli differenze di incidenza di morti da arma da fuoco tra alcune città americane e canadesi di confine, separate unicamente da un fiume, nonostante una diffusione simile delle armi tra i rispettivi cittadini. Allo stesso modo, Moore s'interroga se la sparatoria alla *Columbine High School* di *Denver*, in *Colorado*, possa essere stata in qualche modo determinata, o facilitata, dal fatto che il più grande impianto di armi degli Stati Uniti si trovasse proprio presso la vicina città di *Littleton*.

Può un campo bioenergetico estendersi anche oltre i confini di un paese? Certamente sì. Pensate alle energie nelle regioni dell'Asia che sono state colpite dallo tsunami del dicembre *2004*. Una serie di orrori hanno coinvolto centinaia di migliaia di persone nella medesima regione, allo stesso tempo: maremoti, inondazioni, naufragi, deragliamenti di treni, frane, crolli e incendi. Le energie di queste aree sono suscettibili di rimanere cariche a lungo del terrore emotivo di coloro che sono morti, della paura, confusione, senso di perdita e dolore di chi è sopravvissuto, e dell'immensa sofferenza causata da fame, sete e mancanza di un riparo, oltre che dalle malattie e dalla criminalità che seguirono il disastro.

Queste catastrofi naturali, o quelle causate dall'uomo, hanno un profondo impatto sugli ambienti colpiti. Il trauma subito va infatti ad integrarsi nella memoria vivente di quelle zone, influenzando coloro che vi vivono o che le attraversano in diversi modi, più o meno evidenti o sottili. Da una prospettiva ancora più ampia, possiamo affermare che le qualità (o mancanza di qualità) di determinati campi bioenergetici potrà caratterizzare anche un intero continente. Chi ha vissuto in Africa, per esempio, sa che i pensieri e le intenzioni degli abitanti di molte delle nazioni africane sono stati plasmati principalmente dalla loro lunga storia di lotta per la sopravvivenza di fronte a siccità, carestie, malattie mortali, guerre civili e genocidi. La storia ha prodotto un campo bioenergetico continentale dominato da una mentalità del tipo "cane mangia cane," che apparentemente si autoalimenta, e che si fonda su un quotidiano intessuto di violenza e criminalità.

Questi sono solo diversi esempi di come un campo bioenergetico prodotto da un particolare gruppo di persone, o inerente a un luogo specifico, possa influenzare o incidere in numerosi modi sulla nostra vita. In *coscienziologia*,[2] un termine specifico è stato coniato per descrivere tale campo bioenergetico: *olopensene*. Si tratta di un termine che è la combinazione di *olo*, che dal greco significa "tutto," e *pensene*, che a sua volta è la combinazione di *pen*, da "*pen*siero," *sen*, da "*sen*timento" (inteso anche come emozione) ed *e*, da "energia."

Il dottor *Rupert Sheldrake*, biologo d'avanguardia e direttore del *Perrott-Warrick project for research on unexplained human abilities* (finanziato dal *Trinity College* di *Cambridge*), presenta una prospettiva simile in ciò che lui definisce "una visione di un universo vivente ed evolvente, con la sua memoria inerente," mediante la sua teoria dei *campi morfici* e della *risonanza morfica*.

SENSIBILITÀ ENERGICA, CONSAPEVOLEZZA E CONTROLLO

È importante per noi accertarci di avere sufficiente padronanza delle nostre energie e dei nostri pensieri, per non lasciarci trascinare dalle energie collettive presenti in alcuni gruppi di persone, o luoghi. Siamo in grado di pensare in modo autonomo? Mettiamo in discussione, analizziamo, usiamo il nostro discernimento e giudizio critico su tutto ciò che guardiamo alla televisione, leggiamo sui giornali, o ascoltiamo alla radio? Lasciamo che il nostro modo di pensare sia influenzato dalla mentalità di gruppo predominante?

Le persone sensibili alle energie possono percepire determinati campi bioenergetici in modi diversi. Potranno ad esempio essere vissuti dalle emozioni che impregnano un

---

[2] *Coscienziologia*: scienza che studia la coscienza in modo integrale, olosomatico, multidimensionale, multimillenario, multiesistenziale e, soprattutto, in relazione alle sue reazioni alle energie immanenti, co-scienziali, e ai suoi multipli stati.

determinato ambiente: entrando in un'impresa di pompe funebri, potranno percepire un senso di perdita; in un macello potranno provare terrore; in una prigione un senso di degrado. In alternativa, potranno avere nausea, capogiri, o crampi allo stomaco, a seconda dell'intensità del campo bioenergetico e del loro livello di sensibilità. [TRIVELLATO & GUSTUS, 2003]

Il campo bioenergetico di determinati luoghi è in grado di influenzarci anche positivamente. Per esempio, possiamo sentirci più motivati a studiare, o fare ricerca – e scoprire di poterlo fare con maggiore facilità e concentrazione – in una biblioteca, piuttosto che a casa nostra. Spesso ci aspettiamo che il rinnovato entusiasmo per la nostra attività intellettuale, ottenuto grazie alla permanenza in un luogo particolare come quello di una biblioteca, durerà anche in seguito, ma solitamente non siamo in grado di mantenere la medesima motivazione quando ci troviamo nuovamente in contatto con i campi bioenergetici generati e consolidati dalla routine e dalle distrazioni della nostra vita quotidiana.

Tuttavia, se siamo in grado di percepire gli effetti dei campi bioenergetici, e di avere un certo controllo sulle nostre energie, possiamo mantenere in modo attivo il nostro equilibrio energetico, e non farci contaminare dalle diverse influenze che ci pervadono, pur rimanendo consapevoli della qualità e natura delle energie ambientali in cui ci troviamo.

La maggior parte delle persone non ha però sufficiente sensibilità o consapevolezza da essere in grado di "leggere" le bioenergie specifiche di una folla, o di un luogo, cosicché potranno sia non rimanerne influenzate, oppure farsi influenzare, senza però esserne consapevoli. In tal caso, potrebbero sentirsi, per esempio, ispirate, lunatiche, gioiose, irritabili o esauste (a seconda della qualità del campo), senza avere alcuna idea del perché.

Come menzionato in [TRIVELLATO & GUSTUS, 2003], a volte "malattie sottili senza una causa apparente sono precisamente il risultato di questo tipo di intrusioni da parte di energie non compatibili con le nostre, che penetrano nel nostro campo energetico attraverso uno dei nostri chakra."

ESERCIZI PER MIGLIORARE LA PROPRIA SENSIBILITÀ, CAPACITÀ ED AUTODIFESA ENERGETICA

La buona notizia è che è alla portata di ognuno imparare a divenire consapevoli e valutare la qualità delle proprie energie, ai fini del loro controllo e per effettuare auto-diagnosi e terapie, quando necessario.

Con la pratica, è altresì alla nostra portata raggiungere un livello di padronanza delle nostre bioenergie tale da permetterci di accrescere le nostre percezioni extrasensoriali, fino a riuscire a leggere le energie positive o negative di un particolare ambiente, e percepire, interagire e comunicare con i nostri compagni non fisici, siano essi dei protettori (guide illuminate), delle guide cieche, o degli assediatori.

L'importanza di sviluppare un tale livello di percezione non può essere sottovalutata. Questo è il primo, fondamentale passo che ci consentirà di individuare i tratti forti e deboli della nostra personalità, che sono poi quelli che permettono ai nostri protettori e assediatori di connettersi a noi. Dobbiamo quindi rafforzare i legami che abbiamo con i nostri protettori, e difenderci dalle innumerevoli varietà di intrusioni che sperimentiamo regolarmente. Così facendo, possiamo assumere maggiore responsabilità e controllo sulle nostre vite.

Waldo Vieira raccomanda tre particolari esercizi energetici, da lui stresso formulati, che con la pratica e l'allenamento regolare possono aiutarci a sviluppare e/o migliorare il nostro controllo e la nostra sensibilità bioenergetica.

Prima di descriverli, vorrei sottolineare che la bioenergia è una potente risorsa, *realmente esistente*, e che muovere le energie è un lavoro del tutto concreto. Nessuno sforzo di visualizzazione, o di immaginazione, potrà mai essere sufficiente per eseguire uno di questi esercizi; quindi, non è mia intenzione suggerirvi di impiegare questi metodi. La chiave del successo nel lavoro con l'energia è di rimanere fisicamente rilassati, bloccare le possibili interferenze provenienti dall'ambiente esterno, e concentrarsi attivamente sul movimento della bioenergia attraverso l'applicazione di una ferrea forza di volontà. Molte persone senza familiarità con questo lavoro, inizialmente potranno non avere percezioni, o delle debolissime percezioni, del movimento energetico. Ma il solo provare a muovere energia di solito produce alcuni piccoli risultati, anche se non se ne è consapevoli; quindi, è importante non rinunciare, e persistere nella pratica. Questa, se regolare, permetterà di raggiungere risultati tangibili, e di progredire, in quasi tutti i casi.

ASSORBIMENTO DI ENERGIE

Definizione: L'atto di assorbire o di interiorizzare le energie.

Osservazioni: Eseguire questo esercizio in un luogo dove si è sicuri che le energie siano positive. L'ideale è farlo in un ambiente naturale, in quanto le energie della natura non portano alcuna informazione (in termini di pensieri o emozioni). Pertanto, è bene recarsi, se possibile, in un posto come un parco, un giardino, una foresta, una zona di montagna, di mare o di fiume.

Come farlo?

Rilassatevi come fareste normalmente, respirate in modo naturale, e utilizzando la vostra volontà e concentrazione, cercate di divenire consapevoli delle energie che vi circondano.

Provate a entrare in sintonia con loro, a sentirle, a percepire la loro positività, quanto vi fanno sentire bene.

Quindi, rivolgete la vostra attenzione all'assorbimento di questa energia positiva attraverso i vostri chakra. Ci potrebbe volere un po' di pratica prima di iniziare a prendere coscienza delle sensazioni che accompagnano questa azione di interiorizzazione, che vi confermeranno che l'energia si sta muovendo per davvero. Se questo è il vostro caso, non scoraggiatevi, ma perseverate.

Spesso la tentazione, se non altro all'inizio, è quella di assorbire energia durante la fase di inspirazione. Provate nel tempo a stabilire un ritmo di assorbimento energetico che sia indipendente da quello respiratorio. Questo alfine di non divenire dipendenti dal respiro (o da qualsiasi altra cosa) per essere in grado di assorbire energia in un determinato modo.

Cosa si prova?

Tra le sensazioni comuni possiamo menzionare: un cambiamento di temperatura (ad esempio una sensazione di maggiore calore, o di freddo), "brividi" energetici che scorrono attraverso una parte, o tutto il corpo, una sensazione di formicolio. Alcune persone possono sperimentare fenomeni di chiaroveggenza (percezione della dimensione extrafisica).

Quali sono i benefici?

Il motivo principale che ci porta ad assorbire energia è quello di ricostituire le nostre riserve e rinvigorire il nostro campo bioenergetico, tutte le volte che sentiamo di essere carenti energeticamente, o addirittura svuotati. I sintomi di questa condizione, a noi tutti familiare, sono: stanchezza, letargia, mancanza di motivazione e senso di pesantezza.

DONAZIONE COSCIENTE (ESTERIORIZZAZIONE) DI ENERGIE

Definizione: L'atto di trasmettere energia.

Osservazioni: Prima di esteriorizzare le energie, controllare i vostri pensieri e le vostre emozioni. Se siete preoccupati, o non in buone condizioni, attendere che i vostri pensieri tornino ad essere armonici, e le vostre emozioni positive, affinché la vostra azione energetica possa contribuire solo positivamente all'ambiente circostante.

Come farlo?

Rilassatevi e concentrate la vostra attenzione su ciò che state per fare. Forse, in un primo momento, fino a quando non sarete più abituati a muovere la vostra energia, potreste concentrarvi sull'accumulare energia nelle vostre mani; questo dal momento che le nostre mani sono molto sensoriali: essendo abituati a "fare" le cose con le mani, spesso è più facile percepire l'energia quando si muove attraverso di esse. Quindi, pensate ad accumulare energia nelle vostre mani, e poi usate la vostra volontà per attuare tale pensiero. Quando riuscite a percepire la vostra energia nelle mani, concentratevi sul farla fluire attraverso i vostri palmochakra, verso l'esterno.

L'esperienza ha dimostrato che è più facile muovere un volume maggiore di energia esteriorizzandola sotto forma di impulsi, o onde regolari, piuttosto che in un flusso continuo. Pertanto, provate anche ad esteriorizzare in questa modalità pulsata.

Una volta padroneggiato questo esercizio, praticate esteriorizzando energia attraverso tutto il corpo, cioè attraverso tutti i vostri chakra contemporaneamente.

Cosa si prova?

Le sensazioni sono le stesse di quando assorbiamo energia: sensazioni di caldo o freddo, "brividi" energetici, formicolii, possibilità di chiaroveggenza, ecc.

Quali sono i benefici?

Quando esteriorizziamo energia infusa con pensieri ed emozioni positive, eseguiamo una sorta di purificazione energetica dell'ambiente che ci circonda, migliorandone la qualità.

La bioenergia è anche una potente risorsa per aiutare gli altri (inclusi animali e piante), sia nella dimensione fisica che nelle dimensioni extrafisiche. L'assistenza può essere offerta sia mediante trasferimento diretto di energia verso la persona, animale, o pianta che si trovano nel bisogno, oppure donando la nostra energia alle nostre guide protettrici, che poi la useranno per aiutare gli altri (con il loro consenso, ovviamente).

Il trasferimento diretto di energia può essere utilizzato, ad esempio, per calmare qualcuno che è emotivamente sconvolto, o che ha subito un trauma, per alleviare o prevenire alcuni disturbi fisici, per insufflare vita in una pianta che sta per morire, o per tranquillizzare un animale domestico prima della temuta visita dal veterinario.

Nella dimensione extrafisica, la bioenergia può essere utilizzata da una coscienza proiettata[3] per calmare e catturare l'attenzione di individui disorientati, recentemente trapassati, o per il trattamento di coscienze extrafisiche che possono manifestare diverse tipologie di malattie e patologie, come quelle che vediamo qui nella dimensione fisica, o altre ancora.

Ho avuto un'esperienza interessante qualche anno fa, quando ho donato bioenergia alle mie guide protettrici che l'hanno poi utilizzata per aiutare la mia gatta, che si era smarrita. Era venuta a vivere con noi solo da due mesi, già come gatta adulta, e aveva evidentemente deciso che era ora di esplorare ulteriormente il suo nuovo territorio, tanto che alla fine si era persa. Sono andata a letto preoccupata, durante la sua seconda notte di assenza. Era una tipica notte invernale londoniana, con pioggia fitta, vento pungente e un gran freddo. Così, ho spiegato ai miei protettori che 'Scragglepuss' era dotata di buone percezioni della dimensione extrafisica (cosa che sapevo da mie precedenti esperienze con lei), quindi, se avessero avuto tempo, avrebbero forse potuto provare a richiamare la sua attenzione e guidarla verso casa. Per farlo li invitavo a prelevare da me tutta l'energia di cui potevano avere bisogno. Rimasi in silenzio a letto, donando consapevolmente energia per oltre un'ora, controllando regolarmente se stava ancora fluendo e se mi sentivo bene e ben equilibrata. Alla fine, ho avuto l'intuizione di arrestare il processo e mi sono alzata. Erano le due del mattino, ho acceso le luci nella veranda e nel giardino sul retro, mi sono seduta a scrivere una mail, e cinque minuti dopo la piccola palla di pelo è apparsa attraverso la gattaiola, illesa ma affamata, e chiaramente molto felice di essere nuovamente a casa. Giorni felici, grazie ai protettori.

Un altro modo vantaggioso di usare l'esteriorizzazione di

---

[3] *N.d.E.*: per maggiori informazioni sulla proiezione della coscienza, vedi il No. 5 (Anno 2013) di *AutoRicerca*, interamente dedicato a questo vasto tema.

energia è come mezzo per "aggiustare" la nostra giornata. È infatti buona pratica, al termine di ogni giornata, analizzare quel che è successo nel suo corso, e chiederci: "Chi abbiamo disturbato? Chi abbiamo trascurato di aiutare? Chi non abbiamo voluto aiutare?" Quindi, possiamo inviare le nostre migliori energie alle persone in questione, riequilibrando così i nostri rapporti e la nostra giornata.

L'esteriorizzazione di energia funziona anche come difesa contro gli assedi intercoscienziali. È possibile proteggere ad esempio la vostra camera da letto, la vostra casa o il vostro ufficio, esteriorizzando energia con lo scopo di eseguire una pulizia energetica dell'ambiente, per cinque o dieci minuti, su base quotidiana.[4] Nel tempo questo creerà un campo energetico in grado di agire come scudo protettivo. Infatti, se esteriorizziamo energia ogni giorno, quando stiamo bene e ci sentiamo positivi, questo produrrà a lungo andare un forte ambiente energetico, con il quale gli assediatori non avranno alcuna affinità, e questo impedirà loro di entrare.

È bene però non esteriorizzare energia sempre alla stessa ora, ogni giorno, quando si lavora alla costruzione dello scudo energetico. Questo poiché la maggior parte degli assediatori extrafisici non è in grado di assorbire direttamente l'energia sottile della paratroposfera, cosicché tentano di assorbire quella di cui hanno bisogno direttamente dalle coscienze umane intrafisiche, assediandole. Se esteriorizziamo energia nello stesso posto, alla stessa ora, ogni giorno, è facile a lungo andare attirare la loro attenzione; quindi, è auspicabile variare la pratica nel tempo, nella misura del possibile. Una volta poi che il campo si è stabilizzato, è possibile esteriorizzare energia meno frequentemente, con lo scopo semplicemente di preservare il campo già edificato.

---

[4] *N.d.E.*: vedi a proposito la tecnica di *blindaggio energetico*, descritta nell'Appendice 2 dell'articolo "Elementi teorico-pratici di esplorazione extracorporea," di *Massimiliano Sassoli de Bianchi*, pubblicato nel No. 5 (Anno 2013) di *AutoRicerca*.

Idealmente, si cercherà di creare inizialmente lo scudo energetico intorno alla camera da letto, essendo questo il luogo in cui dormiamo e ci proiettiamo. Poi, possiamo passare alle altre stanze della casa, facendo sì che tutta la nostra abitazione diventi un vero e proprio rifugio energico.

Divenire abili nell'esteriorizzazione energetica è un ottimo strumento anche per l'autodifesa, quando ci troviamo fuori dal corpo. Quando siamo proiettati abbiamo accesso, oltre alle energie sottili del corpo extrafisico, anche a quelle più dense, tramite il filo d'argento. Pertanto, se delle coscienze extrafisiche ci recano disturbo, quando fuori dal corpo, possiamo esteriorizzare energia verso di loro, facendolo sempre con le migliori intenzioni, ma al contempo con la ferma determinazione di non volere avere nulla a che fare con loro, e di essere lasciati in pace. Nella stragrande maggioranza dei casi, un singolo impulso di energia inviata nella loro direzione è sufficiente ad allontanare definitivamente la maggior parte degli assediatori.

STATO VIBRAZIONALE[5]

Definizione: La condizione di massima e simultanea dinamizzazione dei chakra, promossa dalla mobilizzazione consapevole delle proprie energie, su e giù lungo l'asse longitudinale del corpo. Questa condizione può presentarsi anche spontaneamente.

Osservazioni: A differenza degli esercizi di assorbimento e di esteriorizzazione, non ci sono restrizioni su dove o quando è auspicabile installare uno stato vibrazionale, essendo questo lo strumento più potente a nostra disposizione per l'autodifesa energica.

---

[5] *N.d.E.*: si rimanda il lettore interessato al No. 1 (Anno 2011) di *AutoRicerca*, interamente dedicato al tema dello *stato vibrazionale*.

Come farlo?

Rilassatevi, sedetevi, o se preferite sdraiatevi, e concentratevi alfine di percepire ed accumulare le vostre energie nella regione della testa. Poi, lentamente, muovete l'energia per mezzo della vostra volontà, verso il basso, attraverso la parte centrale del vostro corpo, fino ai piedi.

Portare attenzione alle zone dove riuscite a percepire l'energia e a quelle dove invece non riuscite a percepirla. Se non è possibile percepire l'energia in una particolare zona del corpo, può essere perché lì è presente un blocco energetico.

Continuate a mantenere l'energia in movimento, riportandola verso la testa, quindi di nuovo verso i piedi, e così via.

Ricordate che la maggior parte delle persone che non hanno familiarità con questi esercizi, inizialmente avranno solo una lievissima (o addirittura nessuna) percezione del movimento dell'energia. Ma il semplice tentativo di muoverla di solito produce già dei piccoli risultati, anche se non se ne è consapevoli; quindi, è importante non rinunciare e persistere.

Gradualmente, aumentare sia l'intensità che la velocità del flusso di energia, muovendo quest'ultima sempre più celermente su e giù per il corpo, fino a quando non "perderete traccia" del flusso di energia e raggiungerete lo stato vibrazionale.

Riportiamo qui seguito alcune descrizioni dello stato vibrazionale, da parte di tre diversi autori:

Lo stato vibrazionale è caratterizzato dal movimento di onde interne pulsanti, simili a vibrazioni elettriche, la cui manifestazione, frequenza ed intensità possono essere controllate a volontà, potendo essere veloci o lente, forti o deboli. Queste onde spazzolano il soma (corpo) immobilizzato dal capo alle mani e ai piedi, tornando al cervello in un ciclo continuo di pochi secondi. Il loro manifestarsi a volte produce un effetto simile a una torcia ardente, di intensità variabile, o a una palla di energia elettrica piacevole, guidata dalla volontà. Non di rado le vibrazioni producono una sensazione di dilatazione, che è tipica in psicofonia (channeling vocale), con l'espansione e rigonfiamento apparente di mani, piedi, labbra, guance, mento e zona del plesso solare [VIERA, 2002].

Nonostante sia molto esotica ed intensa, la sensazione di vibrazione è abbastanza piacevole, e a volte, attraverso la sua intensificazione, è possibile raggiungere una sorta di climax energetico [ALEGRETTI, 2004].

È come se un'onda crescente, sibilante e ritmicamente pulsante, di scintille infuocate, venga a scrosciare nella tua testa. Da lì, sembra poi spazzolare tutto il corpo, rendendolo rigido e immobile [MONROE, 1977].

Secondo la mia esperienza personale, posso meglio descrivere lo stato vibrazionale come una condizione in cui si è lucidamente consapevoli che ogni singola cellula del nostro corpo, comprese le cellule della pelle, del sangue e degli organi interni, delle ossa e del cervello, vibrino furiosamente le une sulle altre. L'esperienza promuove un profondo senso di benessere.

Quali sono i benefici?

L'uso corretto dello stato vibrazionale presenta vantaggi significativi. Quando installiamo uno stato vibrazionale, viene generato uno scudo energetico intorno a noi, che impedisce a chiunque di stabilire con noi un accoppiamento aurico (un'interfusione energetica). Quindi, lo stato vibrazionale "ci consente di neutralizzare le influenze indesiderate e gli assediatori con cui siamo consapevolmente o inconsapevolmente entrati in contatto, permettendoci di assumere un ruolo direttivo più attivo nella nostra vita. Questo, a sua volta, stimola il processo di maturazione personale e la crescita evolutiva" [TRIVELLATO & GUSTUS, 2003].
Lo stato vibrazionale andrebbe impiegato preventivamente, in previsione di episodi di possibile assedio (intrusione

energetica), vale a dire, prima di qualsiasi situazione in cui è possibile prevedere che qualcuno cercherà di usare le proprie energie su di voi, o di rubarvi le vostre. La prossima volta che dovrete affrontare una situazione difficile, come ad esempio fronteggiare un cliente aggressivo, far valere il vostro pensiero in una riunione potenzialmente ostile, confrontarvi con qualcuno al telefono, o qualsiasi altra situazione in cui prevedete di essere messe/i sotto pressione energeticamente, provate a installare uno stato vibrazionale anticipatamente, quindi verificate quali sono i risultati.

Allo stesso modo, installate uno stato vibrazionale prima di entrare in qualsiasi luogo o ambiente in cui percepite la presenza, o sospettate della presenza, di coscienze extrafisiche ostili (assediatrici). Se realizzate di essere stati assediati, non limitatevi ad accettarlo. Promuovete l'esercizio dello stato vibrazionale e sbarazzatevi di tali influenze, altrimenti un episodio di assedio intercoscienziale, per quanto lieve, cioè superficiale, potrebbe aggravarsi e diventare più profondo.

Poiché l'installazione dello stato vibrazionale promuove maggiore flessibilità e scioltezza del corpo energetico, ciò facilita notevolmente lo scollegamento del corpo extrafisico dal corpo fisico, ed è quindi in grado di promuovere esperienze lucide fuori del corpo. Alcune persone spesso sperimentano degli stati vibrazionali spontanei quali segni precursori di proiezioni coscienti imminenti.

Lo stato vibrazionale e l'esteriorizzazione consapevole di energia costituiscono anche delle valide tecniche per sciogliere blocchi energetici, e possono rivelarsi altresì efficaci come strumento di prevenzione di piccole malattie.

Quando per esempio sento arrivare un raffreddore, o l'influenza, promuovo uno stato vibrazionale il più spesso possibile, ed esteriorizzo energia attraverso il chakra della gola più volte al giorno. Spesso i sintomi scompaiono rapidamente. Devo dire che ho avuto pochissimi raffreddori o influenze da quando ho iniziato a lavorare consapevolmente con le energie, in questo modo, da nove anni a questa parte.

SUGGERIMENTI PER PADRONEGGIARE LA VOSTRA BIOENERGIA

È importante sottolineare che ognuno di noi ha la capacità di lavorare coscientemente con la propria bioenergia nei modi che ho qui descritto. Non è necessario avere particolare attitudine, o essere particolarmente sensibili.

La ragione per cui relativamente poche persone lavorano consapevolmente con la bioenergia nel loro quotidiano, è perché, semplicemente, nessuno ha mai insegnato loro come farlo. Se fin da quando eravate giovani i vostri genitori vi avessero mostrato come eseguire queste manovre energetiche, così come vi hanno insegnato ad andare in bicicletta, avreste imparato a padroneggiare la vostra bioenergia prima ancora di divenire dei teenager.

Il fattore più importante nel conseguimento della padronanza delle proprie bioenergie è la forza di volontà. Migliorare le vostre prestazioni energetiche attraverso una qualsiasi delle tre tecniche di cui sopra può apparire abbastanza semplice sulla carta, ma la disciplina personale e lo sforzo necessari per produrre risultati soddisfacenti non vanno certo sottovalutati [TRIVELLATO & GUSTUS, 2003].

Idealmente, dovremmo porci l'obiettivo di riuscire a lavorare con le nostre energie in ogni condizione e circostanza (interna o esterna), senza che ciò debba dipendere dall'essere soli, sdraiati o rilassati, o dal poter effettuare un qualsivoglia rituale, in quanto né gli assediatori fisici né quelli extrafisici ci faranno il garbo di aspettare che le condizioni siano ottimali per poterci difenderci, prima di imporsi a noi.

Sebbene la maggior parte dei praticanti più determinati siano solitamente in grado di ottenere buoni risultati, in termini di assorbimento ed esteriorizzazione energetica, in alcuni mesi di pratica, riuscire ad installare uno stato vibrazionale efficace, sempre e ovunque, in qualsiasi circostanza, è un obiettivo che può richiedere anche alcuni anni di sforzi, prima di poter essere raggiunto.

Detto questo, migliaia di persone in tutto il mondo stanno già ricavando enormi benefici dalla possibilità di controllare le proprie bioenergie. Molti hanno già sviluppato le loro parapercezioni fino al punto da riuscire a determinare cosa accade attorno a loro sul piano non-fisico (chi è presente e dove si trova), mantenendo in ogni circostanza il loro equilibrio. In questo modo, possono sperimentare una rinnovata fiducia in loro stesse e una maggiore serenità, consapevoli di avere assunto realmente il controllo sulla loro vita, e di poter godere dei vantaggi dell'essere in contatto diretto cosciente con le guide extrafisiche più avanzate.

Il padroneggiare la bioenergia consente inoltre ai praticanti di: percepire ed eliminare i blocchi energetici, promuovendo maggiore equilibrio generale e benessere, oltre che un miglioramento dello stato generale di salute; promuovere la flessibilità del corpo energetico, che a sua volta facilita il non allineamento dei veicoli di manifestazione e apre all'esperienza della proiezione cosciente; aumentare il livello complessivo di lucidità circa la realtà multidimensionale.

Per questo motivo, sebbene il livello di impegno e disciplina necessari a raggiungere una piena padronanza bioenergetica potrebbe apparirvi alto, i benefici in termini di sviluppo personale, a breve, medio e lungo termine (i.e., nelle vostre vite future), sono da considerarsi incommensurabilmente superiori.

BIBLIOGRAFIA

[ALEGRETTI, 2004] Wagner Alegretti, *Retrocognitions – An investigation into the memory of past lives and the period between lives*, Miami, USA: International Academy of Consciousness, 2004.

[ALVINO, 1996] Alvino, Gloria, "The Human Energy Field in Relation to Science, Consciousness, and Health," online article, *21st*, The VXM Network, www.vxm.com, 1996.

[MONROE, 1977] Robert A. Monroe, *Journeys out of the body*, Broadway Books, New York, 1977.

[BLOOM, 2002] Bloom, William, *Feeling Safe*, Judy Piatkus (Publishers) Ltd, London, 2002.

[BOWKER , 1997] Bowker, John (ed.), *The Oxford Dictionary of World Religions*, Oxford University Press, Oxford, 1997.

[TRIVELLATO & GUSTUS, 2003] Trivellato, Nanci & Gustus, Sandie, "Bioenergy: A Vital Component of Human Existence," *Paradigm Shift* (UK), Issue 15, August 2003.

[VIERA, 2002] Viera, Waldo, *Projectiology, A Panorama of Experiences of the Consciousness outside the Human Body*, Rio de Janeiro, RJ – Brazil, International Institute of Projectiology and Conscientiology, 2002.

[WHITE & KRIPPNER, 1977] White, John & Krippner, Stanley, *Future Science: Life Energies and the Physics of Paranormal Phenomena*, 1st edition, Anchor Books, New York, 1977.

Nota: Per gentile concessione di O-books, il presente articolo è tratto dal quarto capitolo del recente libro dell'autore: *Less Incomplete: A guide to experiencing the human condition beyond the physical body*, O-Books, Winchester, UK (2011). La traduzione in italiano, dall'inglese, è a cura di: Massimiliano Sassoli de Bianchi.

ENERGIE SOTTILI O MATERIE SOTTILI? UNA CHIARIFICAZIONE CONCETTUALE

Massimiliano Sassoli de Bianchi

RIASSUNTO. Il concetto di energia è centrale in tutta la scienza moderna, ed è ovviamente di grande rilevanza anche nello studio dei fenomeni psicoenergetici. D'altra parte, sia tra i fisici convenzionali che tra gli studiosi dei fenomeni parapsichici, permangono alcune confusioni circa una corretta comprensione di questo concetto. Scopo del presente articolo, essenzialmente di natura didattica, è quello di fornire una corretta interpretazione del concetto di energia, e del suo trasporto nei diversi sistemi fisici. Questo alfine di favorire la formulazione di domande scientificamente ben poste, soprattutto nello studio delle dinamiche energetiche che riguardano le controverse paramaterie di natura più sottile.

autoricerca.com

INTRODUZIONE

L'*energia* è un concetto fondamentale, non solo per i ricercatori convenzionali, che calcolano e misurano gli scambi energetici tra le diverse entità fisiche nei laboratori di chimica, fisica e biologia, ma anche per i meno convenzionali *autoricercatori*: quella categoria di studiosi che indagano i *fenomeni psicoenergetici*, vale a dire le misteriose "forme sottili" di energia,[1] dette anche, a seconda dei contesti, bioenergie, energie coscienziali, energie extrafisiche, prana, chi, orgone, ecc. [TILLER, 1993], [ZAMPERINI, 1998], [ABS DE LIMA, 2005], [BRUCE, 2007], [SASSOLI DE BIANCHI, 2009a].

Queste energie sarebbero all'origine dei cosiddetti fenomeni anomali, o paranormali, quali ad esempio la *psicocinesi* (PK), le guarigioni spirituali, la visione a distanza, e più generalmente le manifestazioni multiple della coscienza oltre i limiti del corpo fisico-biologico [VIEIRA, 2002].

Chi scrive ha un piede in due staffe, essendo sia un fisico teorico, quindi un ricercatore nel senso più convenzionale del termine, sia un autoricercatore, che si è dedicato all'autosperimentazione e all'insegnamento di queste "forme" non ordinarie di energia, la cui realtà rimane ancora a tutt'oggi del tutto ipotetica in ambito accademico.

Sulla base di questa mia duplice prospettiva, posso affermare senza grande esitazione che esistono numerose confusioni, sia da parte dei ricercatori convenzionali, circa la natura delle (per loro solo ipotetiche) "energie sottili," sia da parte di numerosi autoricercatori non convenzionali, circa una corretta comprensione del concetto base di *energia*, e la sua possibile applicazione nella descrizione dei fenomeni parapsichici, governati dall'intenzionalità umana.

Scopo di questo articolo è quello di fornire una sorta di mappa concettuale, del tutto elementare, sul tema fondamentale

---

[1] Come avrete modo di scoprire dalla lettura di questo articolo, il concetto di "forma di energia" è fuorviante. Questo spiega perché ho messo il termine tra virgolette.

dell'energia, affinché coloro che oggi si interessano (in qualità di studenti, insegnanti e/o ricercatori) di "energie sottili," possano operare quei distinguo essenziali senza i quali difficilmente sarà possibile fare chiarezza, sia a livello teorico che sperimentale, su un tema tanto vasto e delicato.

Il termine "energia sottile," come si evincerà dalla lettura di questo articolo, è del tutto improprio. Lo è non tanto perché l'aggettivo "sottile" potrebbe in alcuni casi prestarsi a malintesi, avendo unicamente un valore metaforico, ma principalmente perché *non ha alcun senso qualificare l'energia, dal momento che esiste una sola e unica forma di energia, e non diverse forme di energia.*

Va detto che molti indagatori che oggi operano nel campo della ricerca interiore e si interessano di fenomeni psicoenergetici, non necessariamente possiedono una cultura specifica nel campo della fisica. Quindi, certamente, un certo livello di confusione nasce da una comprensione insufficiente di questa fondamentale branca del sapere.

Si tratta in questo caso di confusioni elementari, come il mescolare, ad esempio, il concetto di *forza* con quello di *energia*. Ecco allora che alcuni parleranno, in modo erroneamente interscambiabile, di "forza vitale" e di "energia vitale." A rigor di logica però, se "forza" ed "energia" sono *grandezze fisiche* differenti, sarebbe auspicabile distinguere allo stesso modo i concetti correlati di "forza vitale" ed "energia vitale," oltre che spiegare in che cosa questi differirebbero, tanto da meritare denominazioni differenti.

D'altra parte, ho personalmente avuto modo di appurare che molte confusioni sono a volte veicolate anche da ricercatori con una solida preparazione scientifica, se non addirittura da dei fisici. In questo caso le confusioni sono ovviamente più insidiose, in quanto non più imputabili a una mancanza di conoscenza specifica del soggetto, quanto a una scarsa riflessione sui fondamenti concettuali dello stesso.

Purtroppo, nella fisica, così come nell'evoluzione dei sistemi biologici, esistono dei veri e propri "fossili viventi," che nonostante la loro vetustà continuano misteriosamente a replicarsi [HERMANN & JOB, 1996]. Questi fossili possono divenire ostacoli formidabili, soprattutto quando determinati concetti di base devono poi essere applicati a nuovi campi di indagine, dalla fenomenologia ancora instabile e di difficile circoscrizione, come è il caso della psicoenergetica, e questo a maggior ragione quando molti dei ricercatori che operano in questi settori di frontiera possiedono una modesta cultura scientifica di base.

Ritengo pertanto che la chiarificazione concettuale proposta in questo lavoro, nonostante la sua evidente elementarità, potrà essere molto vantaggiosa, non solo a coloro che sono totalmente a digiuno di fisica, ma anche a coloro che, pur possedendo una cultura scientifica più solida, o molto solida, non hanno mai riflettuto a fondo, o a sufficienza, sul contenuto di certe nozioni di base, come quella fondamentale di *energia* e dei suoi meccanismi di scambio.

Nell'esposizione eviterò del tutto (o quasi) l'utilizzo di formule matematiche, onde non scoraggiare quei lettori che mantengono a tutt'oggi, purtroppo, una forte idiosincrasia nei confronti dei linguaggi più formali, anche se questi sono ovviamente necessari per esprimere con la dovuta precisione taluni concetti e le loro relazioni. D'altra parte, presenterò per completezza una semplice relazione matematica nell'appendice.

L'articolo è così strutturato: inizialmente, presenterò quelli che sono i concetti fondamentali che è importante conoscere, e distinguere, in relazione al tema dell'energia e, più particolarmente, al suo fluire tra i diversi sistemi fisici. Cercherò soprattutto di chiarire la differenza tra *sostanze materiali* e *sostanze immateriali*, tra *energia* e *portatori di energia*, evidenziando alcune tra le confusioni più perniciose. Per aiutare la comprensione, mi avvallerò di numerosi esempi elementari.

Grazie a questa chiarificazione concettuale, porrò in seguito un certo numero di domande, ben formulate, in relazione al tema della psicoenergetica, cioè degli scambi delle cosiddette "energie sottili." Spiegherò altresì per quale ragione numerosi termini storici della fisica, e di conseguenza anche numerosi neologismi della coscienziologia, siano impropri, nel senso di fuorvianti, e pertanto, nella misura del possibile, andrebbero evitati (e sostituiti con termini più appropriati).

Spenderò anche alcune parole sulla generalizzazione dei concetti presentati nel caso in cui il comportamento delle sostanze materiali in gioco non sia più classico (in un senso che preciserò), ma ad esempio quantistico, o simil-quantistico.

SOSTANZE MATERIALI E IMMATERIALI

È necessario sin dal principio definire alcuni concetti. Con il termine di *sostanza materiale*, o più semplicemente di *materia*[2] (da non confondere, come vedremo, con il concetto di *massa*), mi riferirò in questo articolo al *sostrato* delle *entità fisiche*, ossia a "ciò con cui le entità fisiche sono fatte."

Nel seguito, onde non complicare troppo la discussione sul piano concettuale, mi limiterò a considerare sostanze materiali di natura *classica*, nel senso di materie che hanno la particolare proprietà di *essere presenti in ogni momento nel nostro spazio fisico ordinario, tridimensionale* (dirò alcune cose in seguito sulle sostanze materiali *non-classiche*, quali ad esempio le sostanze quantistiche).

Una sostanza materiale va dunque intesa come un'entità a cui è possibile conferire determinate *proprietà*, dette *proprietà fisiche*. Alcune di queste proprietà andranno a caratterizzare l'identità stessa della sostanza, altre invece il suo *stato*, ossia la sua *condizione* specifica, in un determinato istante.

Una delle caratteristiche principali delle entità fisiche (classiche) è quella, come abbiamo detto, di essere sempre presenti, cioè "contenute," nel nostro *spazio fisico ordinario* (per semplicità, parlerò nel prosieguo semplicemente di "spazio," intendendo con questo termine lo spazio ordinario

---

[2] Possiamo osservare che il termine "materia," che deriva dal latino "mater" (madre) fa a sua volta riferimento all'idea di "sostanza," intesa nel senso di ciò che dà nutrimento, fondamento alle cose, permettendole cioè di esistere, in senso manifesto.

tridimensionale, che è solo una parte della totalità dello spazio fisico). Questo significa che le sostanze materiali possono essere contenute in talune regioni dello spazio, e che ha senso parlare del *quantitativo di una specifica sostanza materiale* (o quantità di materia) presente in una determinata regione, così come ha senso anche parlare del flusso di una sostanza materiale che entra ed esce da una determinata regione dello spazio, o del flusso di una specifica sostanza che viene trasferita da un'entità fisica a un'altra.

Concettualmente parlando, è importante poter operare una chiara *distinzione ontologica* tra due diverse categorie: la categoria delle *sostanze materiali*, e la categoria delle *sostanze immateriali* (o sostanze teoriche, sostanze astratte, ecc.). La distinzione tra "sostanze materiali" e "sostanze immateriali" si rifà alla distinzione tra "sostanze materiali" e "proprietà delle sostanze materiali."

Mi spiego meglio: generalmente possiamo dire che una sostanza possiede, o non possiede, una determinata proprietà. Ad esempio, la sostanza materiale "legno" possiede la proprietà di "essere bruciabile," mentre non possiede la proprietà di "condurre bene l'elettricità." Vi sono però delle classi particolari di proprietà che determinate sostanze possono possedere non solo *qualitativamente* (nel senso che le possiedono, o non le possiedono), ma anche *quantitativamente*, nel senso che ne possono possedere un determinato *quantitativo*, che potrà variare a seconda delle circostanze.

In altre parole, si tratta di proprietà che hanno la caratteristica di essere descrivibili in termini di *contenuto*, e che pertanto si comportano a loro volta *come se* fossero delle sostanze materiali, sebbene di fatto non lo siano, essendo invece delle *proprietà di sostanze materiali*. Si potrebbe dire che sono delle proprietà *simil-sostanziali*, poiché si comportano similmente alle sostanze materiali, sebbene non siano tali.

L'*energia* è forse l'esempio più tipico, e sicuramente uno dei più importanti, di sostanza immateriale. Le sostanze materiali possiedono infatti energia (non si conoscono sostanze materiali che non ne possiedano), e ne possono possedere un quantitativo variabile, cioè sono in grado di *contenere* una quantità più o meno rilevante della simil-sostanza "energia," a seconda dello stato e del contesto in cui si trovano. Inoltre, similmente a una sostanza materiale, l'energia è in grado di *fluire* (scorrere, essere trasferita, ecc.) da una regione dello spazio a un'altra, e più generalmente da un'entità fisica a un'altra entità fisica.

Lo stesso vale per numerose altre proprietà, oltre all'energia, che in fisica sono solitamente definite *grandezze fisiche*, come ad esempio la *quantità di moto* (sia essa traslazionale o angolare), la *carica elettrica* e l'*entropia*, solo per citare le più note.

Alcune sostanze immateriali, come l'energia, la quantità di moto traslazionale, la quantità di moto angolare e la carica elettrica, sono grandezze *conservate*. Questo significa che non possono essere né create né distrutte, ma solo trasferite, da un'entità all'altra, oltre che, beninteso, immagazzinate nelle diverse entità fisiche.

In altre parole, così come è possibile parlare del fluire di una sostanza materiale come l'*acqua*, ad esempio da un recipiente a un altro recipiente, allo stesso modo è possibile parlare del fluire dell'energia da un sistema a un altro, o del fluire della quantità di moto, della carica elettrica, dell'entropia, ecc. Questi flussi si rifanno però – lo ripeto ancora una volta, poiché è un punto importante – a *sostanze immateriali*, il cui comportamento assomiglia certamente a quello delle sostanze materiali, ma non per questo vanno considerate tali. Si tratta infatti di "flussi di *proprietà* di sostanze materiali" e non di "flussi di sostanze materiali."

L'energia, in quanto proprietà delle sostanze materiali, è una sorta di aspetto "sopravveniente" della nostra realtà. Esiste, se così si può dire, solo perché esiste un universo di sostanze materiali in grado di portarla. Esattamente come per la lingua italiana, che esiste unicamente poiché esistono dei supporti materiali che ne permettono la manifestazione. Ma non può esistere autonomamente, a prescindere da tali sostanze materiali. In altre parole, l'esistenza delle simil-sostanze immateriali, come l'energia, è vincolata all'esistenza delle sostanze materiali.

Non tutte le sostanze immateriali sono però conservate. L'*entropia* ad esempio, può essere creata dal nulla in un sistema fisico, sebbene non possa mai essere distrutta (fino a prova del contrario). Le diverse sostanze materiali invece, a seconda delle circostanze, potranno sia conservarsi, sia distruggersi, sia crearsi.

Un esempio tipico è quello delle *reazioni chimiche*, o *nucleari*, dove certe sostanze materiali si trasformano in altre, e si assiste pertanto, nel corso della reazione, a un doppio processo di creazione-distruzione. In altre parole, la *quantità di una specifica sostanza materiale*, in generale, non è conservata, e potrà sia crescere che diminuire nel corso di uno specifico processo.

ENERGIA E PORTATORI DI ENERGIA

In questo lavoro il nostro interesse porta essenzialmente sulla sostanza immateriale detta "energia," che come è noto è sempre conservata nei processi fisici, nel senso che il quantitativo di energia contenuto in una regione dello spazio può variare *se e solamente se* una *corrente di energia* fluisce attraverso la superficie della regione in questione. Allo stesso modo, il quantitativo di energia contenuto in un'entità fisica può aumentare (diminuire) *se e solo se* tale entità assorbe (emette) energia, in uno scambio con il suo ambiente esterno.

L'*intensità della corrente di energia*, solitamente simboleggiata dalla lettera maiuscola P, corrisponde a ciò che convenzionalmente viene indicato con il termine di *potenza*. In generale, l'intensità di corrente di una determinata sostanza (sia essa materiale o immateriale), equivale alla *quantità di sostanza che scorre attraverso una determinata regione per unità di tempo*. Quando la corrente è nulla, ciò significa semplicemente che la sostanza rimane ferma (rispetto a un determinato referenziale), cioè che non fluisce.

Ma vediamo ora quali sono le modalità con cui l'energia fluisce, in generale, da un'entità fisica a un'altra entità fisica. Per questo, è necessario distinguere 5 concetti fondamentali (vedi il diagramma di flusso della Figura 1):

1. l'entità fisica *fonte* di energia (*F*);
2. l'entità fisica *ricevitrice* di energia (*R*);
3. la sostanza *materiale* (*M*) *portatrice* di energia;
4. la sostanza *immateriale* (*I*) *portatrice* di energia;
5. la sostanza immateriale *energia* (E).

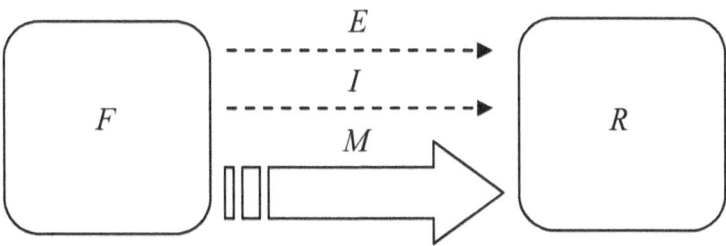

Figura 1. *Diagramma di flusso dell'energia*, che descrive in modo schematico un processo di trasferimento di energia *E* da una fonte *F* a un ricevitore *R*, mediante un portatore materiale *M* (indicato con una freccia piena) e un portatore immateriale *I* (indicato da una freccia tratteggiata).

È importante osservare che in un processo di trasferimento di energia tra una fonte *F* e un ricevitore *R*, è sempre presente, necessariamente, un portatore materiale *M*. Possiamo però distinguere i seguenti casi:

A. La sostanza materiale *M* fluisce da *F* a *R*, ed è l'unica sostanza a portare l'energia.

B. La sostanza materiale *M* fluisce da *F* a *R*, ma non è l'unica sostanza a portare l'energia. Questa infatti viene portata anche da una o più sostanze immateriali.

C. La sostanza materiale *M* non fluisce da *F* a *R* (la sua corrente è nulla) e l'energia è portata unicamente da una o più sostanze immateriali.

Per comprendere bene la ragione della distinzione di questi 3 casi, e in particolar modo la distinzione tra la sostanza immateriale "energia," e i suoi portatori, che possono essere delle sostanze sia materiali che immateriali, il modo migliore è quello di avvalersi di alcuni esempi concreti, in grado di illustrare i diversi meccanismi in gioco.

ALCUNI ESEMPI ILLUSTRATIVI

Esempio 1 *(mano-palla-birilli)*. F è una mano; R sono dei birilli posizionati su una pista da bowling; M è una palla da bowling; I è la quantità di moto.

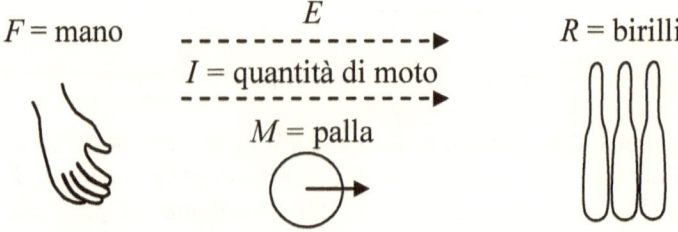

Figura 2. *Diagramma di flusso* che descrive in modo schematico un processo in cui un giocatore di bowling trasferisce energia dalla sua mano ai birilli, usando il portatore materiale "palla" e il portatore immateriale "quantità di moto."

Più esattamente, F comunica alla palla una determinata *quantità di moto*, e poiché un corpo in movimento porta energia, così facendo trasferisce alla palla anche un certo quantitativo di energia. In altre parole, tra F e R fluisce sia una sostanza materiale (quella con cui è fatta la palla), sia una sostanza immateriale, che è la quantità di moto trasportata dalla palla. Quando la palla entra in contatto coi birilli, cede loro parte della quantità di moto che trasporta, e in questo modo trasferisce loro anche parte della sua energia (mettendoli a loro volta in moto).

La palla è quindi il portatore materiale della quantità di moto, e la quantità di moto è il portatore immateriale dell'energia.

In questo esempio, oltre alla presenza di una corrente di

energia e di quantità di moto (due sostanze immateriali), abbiamo anche la presenza di una corrente di materia: la sostanza con cui è fatta la palla, che si muove dalla fonte al ricevitore. (Siamo dunque nel caso B summenzionato).

Esempio 2 *(pompa-acqua-motore)*. *F* è una pompa idraulica a ingranaggi; *R* è un motore idraulico; *M* è l'acqua che scorre in circuito chiuso dalla pompa al motore; *I* è la quantità di moto.

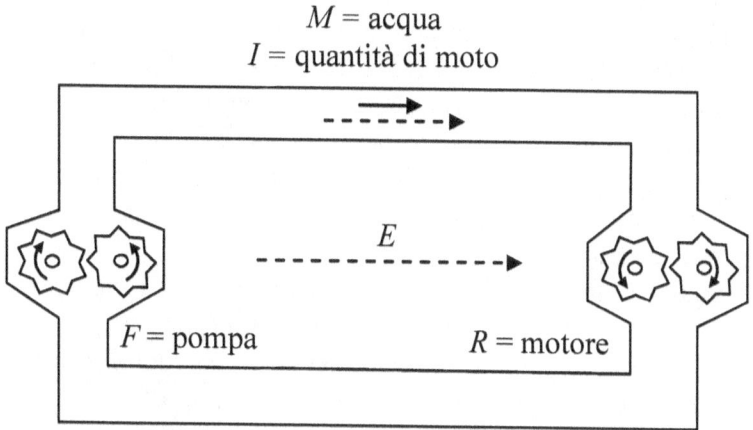

Figura 3. *Diagramma di flusso* che descrive in modo schematico un processo in cui una pompa trasferisce energia a un motore idraulico, usando il portatore materiale "acqua" e il portatore immateriale "quantità di moto."

Più esattamente, attraverso la rotazione dei suoi ingranaggi, la pompa idraulica comunica quantità di moto all'acqua, mettendola in circolo nei tubi. L'acqua (ad alta pressione) scorrendo nei tubi cede parte della sua quantità di moto, quindi della sua energia, agli ingranaggi del motore, che vengono così messi in moto.

L'acqua è quindi il portatore materiale della quantità di moto, e la quantità di moto è il portatore immateriale dell'energia.

Anche in questo esempio, come nel precedente, oltre alla presenza di una corrente di energia e di quantità di moto (due sostanze immateriali), abbiamo la presenza di una corrente di materia (l'acqua sotto pressione) che si muove in circuito chiuso, dalla fonte al ricevitore e ritorno. (Siamo dunque nuovamente nel caso B).

Esempio 3 *(caldaia-acqua-calorifero)*. F è una caldaia; R è un calorifero; M è l'acqua calda che fluisce dalla caldaia al calorifero, e ritorno; I è l'entropia.

Più esattamente, F comunica *entropia* all'acqua, scaldandola, ponendola in contatto con un recipiente ad alta temperatura (l'entropia passa spontaneamente dalle regioni a temperatura più alta verso le regioni a temperatura più bassa). Tramite una pompa (vedi esempio precedente), l'acqua calda viene fatta circolare fino al calorifero, a cui cede parte della sua entropia per contatto (raffreddandosi).

L'acqua è quindi il portatore materiale dell'entropia, e l'entropia è il portatore immateriale dell'energia.

Anche in questo esempio, come nei due precedenti, oltre alla presenza di una corrente di energia e di entropia (due sostanze immateriali), abbiamo la presenza di una corrente di materia (l'acqua calda) che si muove in circuito chiuso, dalla fonte al ricevitore e ritorno. (Siamo dunque nel caso B).

Osservazione: è naturalmente possibile trasferire energia dalla caldaia al calorifero anche senza mettere in circolo l'acqua. In tal caso però, l'intensità della corrente di entropia dalla caldaia al calorifero sarebbe di gran lunga inferiore, e conseguentemente si ridurrebbe anche l'efficienza del processo di trasferimento energetico. Una tale circostanza corrisponderebbe al caso C, in quanto non vi sarebbe allora un sensibile trasferimento di materia (l'acqua non scorre).

Esempio 4 *(pila-elettricità-lampadina)*. F è una pila elettrica; R è una lampadina; M è l'elettricità (cioè la corrente di elettroni che si muovono lungo i cavi conduttori); I è la quantità di moto e la carica elettrica.

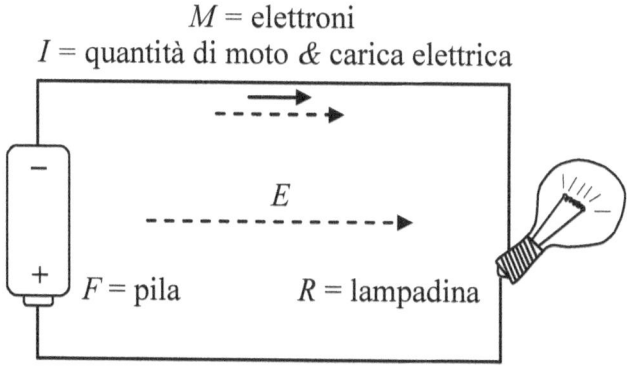

Figura 4. *Diagramma di flusso* che descrive in modo schematico un processo in cui una pila elettrica trasferisce energia a una lampadina, usando il portatore materiale "elettricità" e i due portatori immateriali "quantità di moto" e "carica elettrica."

Più esattamente, tramite la forza elettromotrice, F comunica quantità di moto agli elettroni di carica negativa, che vengono così spinti dal polo negativo al polo positivo della pila.[3] Arrivando nella lampadina, dove c'è una forte resistenza, a causa dell'attrito viene a crearsi (dal nulla) entropia. Questo significa che la lampadina funziona come un *trasferitore*: l'energia entra nella lampadina, portata dall'elettricità, e parte di questa energia viene ceduta alla lampadina per mezzo dell'entropia prodotta (energia che a sua volta la lampadina trasferirà all'ambiente circostante, tramite una perturbazione elettromagnetica, comunemente detta luce).

Gli elettroni sono dunque il portatore materiale della quantità di moto e della carica elettrica, mentre la quantità di moto e la carica elettrica sono i portatori immateriali dell'energia.

Anche in questo esempio, come nei precedenti, oltre alla presenza di una corrente di energia, di quantità di moto e di

---

[3] Si ricorda che, convenzionalmente, il verso indicato della corrente elettrica è quello delle cariche positive, quindi opposto al verso del moto reale degli elettroni nel filo conduttore.

carica elettrica (tre sostanze immateriali), abbiamo anche la presenza di una corrente di materia (gli elettroni), che fluisce dalla regione a potenziale elettrico più alto a quella a potenziale elettrico più basso. (Siamo dunque nel caso B).

Osservazione: la lampadina, come abbiamo visto, è un *trasferitore di energia*. Un trasferitore di energia, in generale, è un'entità che riceve energia per mezzo di un determinato portatore, e la cede per mezzo di un portatore differente. La lampadina, in quanto resistenza elettrica, trasferisce energia dal portatore "quantità di moto" al portatore "entropia" (i motori termici fanno invece esattamente l'opposto).

Esempio 5 *(serbatoio-benzina-motore)*. F è il serbatoio di un'automobile; R è il motore dell'automobile; M è la benzina.

Più esattamente, grazie a una pompa, la sostanza materiale "benzina" viene trasportata fino al motore. Nel motore avviene una reazione chimica (di combustione): la benzina si combina con l'ossigeno e produce una grande quantità di entropia, cedendo in questo modo energia ai pistoni, che ricevono una spinta (cioè quantità di moto).

La benzina è dunque il portatore materiale dell'energia e non c'è in questo caso un portatore immateriale: è la benzina stessa che combinandosi con le molecole di ossigeno presente nel pistone si distrugge, e nella reazione cede la sua energia alle sostanze prodotte (biossido di carbonio e acqua), che acquisiscono così una notevole quantità di moto, parte della quale viene ceduta al pistone.[4] In altre parole, in questo caso il portatore di energia è unicamente la *quantità di sostanza* "benzina." (Siamo dunque nel caso A).

Nei 5 esempi sopradescritti, abbiamo visto che in associazione alla corrente immateriale di energia era sempre presente una corrente di sostanza materiale d'intensità non nulla: palla da

---

[4] La quantità di moto non viene per questo creata dal nulla. La quantità di moto totale, data dalla somma (vettoriale) della quantità di moto dei diversi prodotti della reazione di combustione, è ovviamente uguale alla quantità di moto totale posseduta dalla benzina e dall'ossigeno prima della reazione.

bowling, acqua, elettroni, benzina (casi A e B). In alcuni di questi esempi, abbiamo visto che il portatore materiale di energia fluisce a circuito chiuso, in altri no. La distinzione tra sistemi "a circuito chiuso" o "a circuito aperto" non possiede però alcun significato fisico profondo. Si tratta semplicemente di osservare che diverse configurazioni sono possibili.

D'altra parte, tale distinzione pone in evidenza un aspetto fondamentale: *l'energia non necessariamente fluisce assieme al portatore materiale.* Questo è già molto chiaro negli Esempi 2, 3 e 4, essendo che il portatore materiale, contrariamente all'energia, si muove lungo un circuito chiuso. Nell'Esempio 2, il portatore materiale parte dalla fonte sotto forma di acqua "ad alta pressione," e una volta ceduta energia al ricevitore torna alla fonte sotto forma di acqua "a bassa pressione." Nell'Esempio 3, il portatore materiale parte dalla fonte sotto forma di acqua ad "alta temperatura," e una volta ceduta energia al ricevitore torna alla fonte sotto forma di acqua a "bassa temperatura." Nell'Esempio 4, il portatore materiale parte dalla fonte sotto forma di corrente ad "alto potenziale elettrico," e una volta ceduta energia al ricevitore torna alla fonte sotto forma di corrente a "basso potenziale elettrico."

In altra parole, *l'energia è in grado di fluire anche indipendentemente dal fluire dei suoi portatori materiali.*

Abbiamo già evidenziato questo fatto nell'esempio 3, osservando che le sostanze immateriali "entropia" ed "energia" possono fluire da una caldaia a un termosifone anche quando l'acqua non circola nei tubi.[5] Analizziamo più approfonditamente questa possibilità, in qualche esempio più specifico.

Esempio 6 *(pendolo di Newton).* F è la sferetta metallica tutta a sinistra del pendolo; R è la sferetta metallica tutta a destra; M corrisponde alle sferette intermediarie; I è la quantità di moto.

---

[5] Più semplicemente, possiamo avvicinare un qualsiasi piccolo oggetto metallico alla fiamma di una candela: entro breve un flusso di entropia e di energia percorrerà l'oggetto, fino ad arrivare alle nostre dita, attivando i nostri nocicettori.

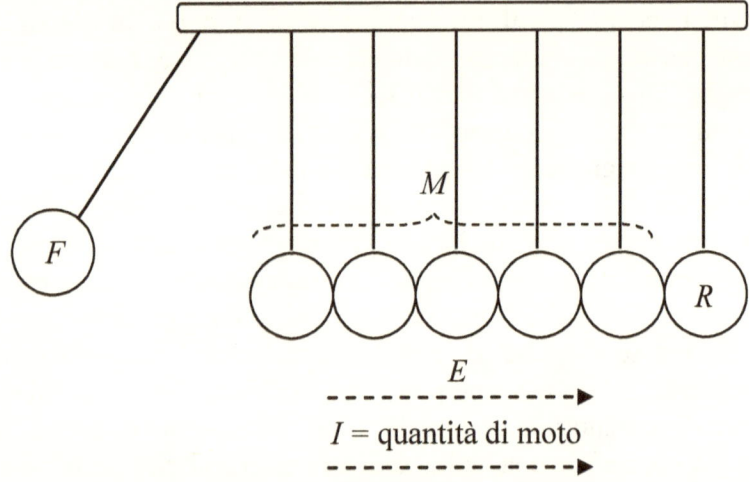

Figura 5. *Diagramma di flusso* che descrive in modo schematico un processo in cui una sferetta metallica trasferisce energia a un'altra sferetta metallica, usando delle sferette intermedie come portatore materiale, e la quantità di moto come portatore immateriale.

Più esattamente, *F* cede la sua energia a *M*, trasferendo la sua quantità di moto alla seconda sferetta, che la comunica alla terza, quindi alla quarta, e così via, fino a quando anche l'ultima sferetta, che è il ricevitore, viene posta in moto, ricevendo così a sua volta energia. Come è noto, il processo avviene senza che nessuna delle sferette intermedie, che formano la sostanza del portatore materiale, si muova.

In altre parole, *M* non fluisce: le sferette rimangono immobili (la velocità del loro centro di massa è nulla). Ciò che invece si propaga è un'*onda (di shock) di compressione e decompressione longitudinale* tra le sferette metalliche (che sono elastiche), cioè una deformazione (l'effetto è simile al ben noto "effetto domino").

Le sferette intermedie sono dunque il portatore materiale della quantità di moto, e la quantità di moto è il portatore immateriale dell'energia.

Il portatore materiale non fluisce però assieme al portatore immateriale. (Siamo dunque nel caso C).

Esempio 7 *(onde acustiche)*. La situazione con il pendolo di Newton è molto simile a quanto accade quando si propaga un'onda sonora nell'aria (*M*), ad esempio tra l'altoparlante di una radio (*F*) che la genera l'onda e il timpano di un orecchio (*R*) che la riceve.

Come nel pendolo di Newton, anche l'onda sonora è una perturbazione longitudinale, cioè un'onda di compressione e decompressione delle molecole presenti nell'aria, che si propaga senza che vi sia per questo alcuna corrente di materia: le molecole d'aria vengono messe in moto localmente dall'oscillazione dell'altoparlante e comunicano, sempre localmente, mediante collisioni, il loro movimento alle molecole più vicine, e così via, fino a quando l'oscillazione giunge alla membrana timpanica dell'orecchio, che viene a sua volta messa in moto oscillatorio, ricevendo dunque l'energia.

È importante distinguere la situazione del trasferimento di energia mediante la propagazione di un'onda sonora, con quella del trasferimento di energia operata ad esempio da una stufetta ad aria calda. Il trasportatore è sempre l'aria, ma nel caso della stufetta questa viene spinta dalla ventola. Si crea quindi un "vento di materia," cioè una corrente del trasportatore materiale (a cui è associata una corrente immateriale di entropia), cosa che invece non avviene nel caso dell'onda sonora.

Esempio 8 *(mano-corda-carrello)*. *F* è una mano; *R* è un carrello (che si vuole trainare); *M* è una corda che da un lato viene tenuta dalla mano e dall'altro è legata al carrello; *I* è la quantità di moto.

Questo esempio è forse ancora più significativo nell'illustrare il fatto che il portatore materiale dell'energia non necessariamente deve fluire dalla fonte al ricevitore, affinché l'energia possa essere trasportata. Infatti, la persona trasferisce energia al carrello *tirando la corda*. Ovviamente, il materiale con cui è fatta la corda non fluisce dalle mani della persona al carrello. La corda viene semplicemente posta in tensione.

Si parla in questo caso dell'applicazione di una *forza*, ma la forza, come evidenziato dalla seconda legge di Newton, altro non è che l'espressione di una *corrente di quantità di moto.*[6]

La corda è dunque il portatore materiale della quantità di moto, e la quantità di moto è il portatore immateriale dell'energia.

Il portatore materiale non fluisce però assieme al portatore immateriale. (Siamo dunque nel caso C).

TRASFERIMENTO DI ENERGIA TRA DUE COSCIENZE INTRAFISICHE

Voglio ora descrivere il processo di trasferimento di energia tra un operatore intrafisico umano (*F*), che esteriorizza energia, ad esempio dal suo palmochakra, e un'altra coscienza intrafisica (*R*), in grado di riceverla. Qui ovviamente sto supponendo che tale processo sia del tutto oggettivo, e non che *F* e *R* stiano semplicemente immaginando di esteriorizzare e ricevere energia. In altre parole, non è in questione nella presente discussione il fatto che vi sia una corrente oggettiva di energia tra *F* e *R*.

Sulla base di quanto evidenziato nelle sezioni precedenti, siamo ora in grado di formulare alcune domande concettualmente ben poste, circa la natura di questo processo di emissione e di assorbimento di energia tra due coscienze intrafisiche.

Poiché l'energia, per poter essere trasportata, necessita della presenza di un portatore materiale, la prima domanda che è necessario porsi è la seguente:

*(a) Qual è la natura del portatore **materiale** M che connette F e R, permettendo il trasferimento di energia?*

Inoltre, è necessario chiedersi se la sostanza materiale *M* è presente nell'ambiente tra *F* e *R*, oppure se *M* viene esteriorizzata dalla coscienza intrafisica *F*, o magari da entrambe le coscienze.

---

[6] Secondo la seconda legge di Newton: $F = ma = m\, dv/dt = dp/dt$.

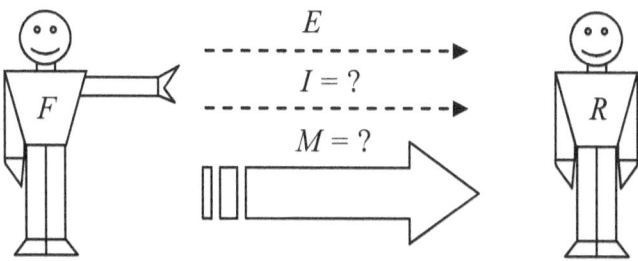

Figura 6. *Diagramma di flusso* che descrive in modo schematico un processo in cui una coscienza intrafisica manda energia a un'altra coscienza intrafisica, utilizzando dei portatori non meglio specificati.

Un'ipotesi possibile è che ad esempio attorno sia a *F* che a *R* sia sempre presente un *campo di materia sottile*, con una sua specifica estensione spaziale, e che quando *F* e *R* sono spazialmente sufficientemente vicini tra loro, i rispettivi campi di materia sottile siano in grado di compenetrarsi, andando così a formare il portatore materiale *M* che permetterà poi il passaggio dell'energia.

Ma che *M* venga esteriorizzata sul momento da *F* e/o da *R*, che sia già presente nell'ambiente, o che accompagni *F* e *R* come una sorta di "atmosfera personale di materia sottile," è altresì importante poter chiarire se nel processo di trasferimento di energia tra *F* e *R*, il portatore materiale *M* fluisce a sua volta oppure no. In altre parole, la seconda domanda che è necessario porsi è:

(b) *Il portatore materiale M **fluisce** da F verso R, oppure la sua corrente è nulla?*

Qui naturalmente, a seconda della risposta, ci potranno essere le seguenti domande aggiuntive:

(c) *Se la corrente di materia è **nulla**, qual è la natura delle sostanze **immateriali** che portano l'energia?*

(d) *Se la corrente di materia **non è nulla**, l'energia è portata unicamente dalla sostanza materiale, oppure anche da delle sostanze immateriali? In tal caso, qual è la loro natura?*

Non è facile, ovviamente, rispondere in modo preciso a queste domande. D'altra parte, se il trasferimento di energia tra la coscienza intrafisica F e la coscienza intrafisica R è oggettivo, sappiamo che necessariamente esiste una sostanza materiale M (per sottile che sia) portatrice della sostanza immateriale "energia."

Si tratta quindi di chiarire se l'esteriorizzazione di energia da parte di F è riconducibile principalmente a un'esteriorizzazione di una sostanza materiale (come quando, con i nostri polmoni, soffiamo aria dalla bocca verso l'esterno), oppure se è più simile a una perturbazione locale che si propaga nello spazio, portata da una sostanza immateriale (come la quantità di moto), senza che vi sia alcun trasporto di materia (come quando con la bocca emettiamo un suono); o se entrambi i meccanismi hanno luogo simultaneamente.

Naturalmente, queste stesse domande possono essere poste (e potrebbero ricevere risposte differenti), quando il processo psicoenergetico interessa sostante sempre più sottili, come ad esempio nel caso delle comunicazioni empatiche e telepatiche.

TRASFERIMENTO DI ENERGIA ALL'INTERNO DI UNA COSCIENZA INTRAFISICA (LA TECNICA OLVE)

Naturalmente, possiamo porci domande simili alle precedenti anche in relazione ai movimenti interni di energia, come nella ben nota metodologia di mobilizzazione energetica denominata *OLVE*[7] (Oscillazione Longitudinale Volontaria dell'Energia) [ALEGRETTI, 2008], [TRIVELLATO, 2008], [SASSOLI DE BIANCHI, 2011a].

La risposta alla summenzionata domanda (a) è ovviamente che in questo caso il portatore materiale sarebbe la materia stessa che forma il nostro corpo extrafisico, solitamente denominato

---

[7] *N.d.E.*: L'OLVE viene brevemente descritta nell'articolo di *Sandie Gustus*, in questo volume (p. 44), in relazione allo *stato vibrazionale*, sebbene la tecnica non venga indicata con tale acronimo. Per maggiori informazioni, vedi il Numero 1 di *AutoRicerca* (Anno 2011).

energosoma (o corpo energetico, olochakra, corpo eterico, pranamaya kosha, ecc).

L'energosoma non è però necessariamente una struttura omogenea, e quando nell'esecuzione della tecnica dell'OLVE si parla di produrre, secondo un protocollo specifico, una corrente di energia alternata lungo l'energosoma, è necessario chiedersi se il fenomeno in questione sia equiparabile al movimento di una sostanza materiale fluida (appartenente o meno all'energosoma), che attraverserebbe una struttura energosomatica più rigida (come avviene ad esempio nel caso del fluido "aria," nell'ambito della respirazione fisiologica, o del fluido "sangue," nell'ambito della circolazione interna sanguigna), o se invece si tratta piuttosto di una propagazione di energia portata unicamente da portatori di tipo immateriale.

In tal caso, l'energosoma sarebbe unicamente il materiale conduttore del portatore immateriale, che trasporterebbe l'energia in un movimento oscillatorio longitudinale, lungo il corpo, senza che vi sia però trasporto di materia all'interno stesso dell'energosoma.

Un'altra possibilità, ovviamente, è che entrambe queste modalità siano attuate simultaneamente nell'esecuzione della tecnica. Ossia, un fluido materiale attraversa la struttura dell'energosoma e allo stesso tempo (o quale conseguenza di questo movimento materiale) una corrente di un portatore immateriale (ad esempio di quantità di moto) scorre nella struttura stessa, in un processo che potrebbe essere simile a quello della propagazione di un'onda sonora o elettromagnetica. Non mi inoltrerò oltre su queste considerazioni, in quanto lo scopo di questo lavoro non è quello di chiarire la natura specifica di questi fenomeni, quanto quello di suggerire un linguaggio concettuale chiaro alfine di formulare delle domande che siano ben poste.

ENERGIA O "FORME DI ENERGIA"?

È importante a questo punto chiarire un importante malinteso. È abitudine, anche da parte dei fisici, distinguere tra diverse "forme di energia." Questa suddivisione della sostanza immateriale "energia" in diverse forme è però assai fuorviante e andrebbe il più possibile evitata.

Storicamente, la distinzione tra diverse forme di energia ha seguito essenzialmente due criteri: (1) quello relativo a come l'energia può essere immagazzinata, cioè contenuta, in un sistema fisico, e (2) quello relativo a come l'energia può essere scambiata tra i diversi sistemi fisici.

Il primo criterio ha portato alla distinzione tra forme di energia quali: energia cinetica, energia potenziale, energia elastica, energia interna, ecc. Il secondo criterio ha dato vita invece alla distinzione tra forme di energia quali: calore, lavoro, energia elettrica, energia chimica, ecc.

Il primo criterio viene solitamente applicato quando il sistema studiato può essere suddiviso in sottosistemi.[8] Facciamo un esempio semplice, considerando un piccolo corpo di massa m (un punto materiale) in caduta libera nel campo gravitazionale terrestre, vicino alla superficie. In questo caso, è abitudine affermare che il corpo possiede una certa quantità di *energia cinetica K* (portata dalla sua quantità di moto p, secondo la nota formula: $K = p^2/2m$) e una certa quantità di *energia potenziale gravitazionale V* (data dalla formula $V = mgz$, dove g è l'accelerazione del campo gravitazionale terrestre e z l'altezza del corpo).

Questa descrizione è però concettualmente scorretta. Infatti, l'energia potenziale gravitazionale V non è posseduta dal corpo, ma dall'entità fisica "campo gravitazionale" in cui il corpo si trova immerso. Quello che accade, quando il corpo cade, è che il campo gravitazionale cede parte della sua energia al corpo, trasferendogli quantità di moto. (Reciprocamente, il campo gravitazionale, in quanto contenitore, riceve energia da un corpo quando questo viene sollevato verso l'alto).

---

[8] Matematicamente parlando, questa affermazione significa che la funzione hamiltoniana che descrive l'energia può essere scritta come somma di termini indipendenti, nel senso che ogni termine dipende da delle grandezze che non appaiono negli altri termini.

In altre parole, non esiste una "energia cinetica," e una "energia potenziale,[9]" cioè due diverse "forme di energia," possedute da un corpo di massa *m*. Esiste invece un'unica sostanza immateriale, denominata semplicemente "energia," posseduta da due sistemi fisici differenti: il corpo materiale e il campo gravitazionale.

L'altro criterio solitamente applicato nel distinguere le diverse forme di energia è quello delle modalità di scambio. Solitamente si usa dire che l'energia viene ceduta da un sistema all'altro sotto forma di calore, lavoro, energia chimica, elettrica, ecc. Queste forme però, come abbiamo visto, non hanno a che fare con l'energia in quanto tale, ma piuttosto con i suoi portatori.

Una volta che è ben chiara la distinzione tra il concetto di "energia" e il concetto di "portatore di energia," diventa altresì chiaro che esiste un'unica forma di energia, sebbene questa possa essere portata da un sistema a un altro sistema con modalità del tutto differenti.

Quello che possiamo osservare, e che abbiamo evidenziato nei numerosi esempi succitati, è che *l'energia fluisce sempre con almeno un'altra sostanza* (intesa qui come grandezza estensiva), che potrà essere sia materiale, sia immateriale. Queste sostanze che accompagnano il flusso di energia sono i suoi portatori. I portatori possono cambiare, certamente, ma questo non significa che cambia la forma dell'energia. Infatti, cambia unicamente la modalità del suo trasporto. Per usare una metafora, sicuramente non ha senso parlare di diverse "forme di uova," distinguendo le "uova-auto" dalle "uova-bicicletta," a seconda del mezzo con cui queste vengono trasportate.

Questo significa che i cosiddetti *trasduttori non omogenei* (o *ibridi*), come i trasduttori elettromeccanici, elettro-ottici,

---

[9] Il termine di "energia potenziale," d'altra parte, può essere ritenuto corretto se viene inteso non come una forma di energia posseduta dal corpo di massa *m*, ma come l'energia che esso potrebbe (potenzialmente) ricevere dal campo gravitazionale in cui si trova immerso.

magnetoelettrici, piezoelettrici, ecc, non vanno considerati dispositivi dove l'energia di ingresso sarebbe di "forma differente" rispetto all'energia di uscita. L'energia è sempre e solo una! Quello che invece il trasduttore fa, è cambiare il tipo di portatore che la porta e trasporta.

Se seguiamo questa logica, possiamo osservare che parlare di diverse "forme di energia" è altrettanto inappropriato che parlare di diverse "forme di carica elettrica," a seconda che questa sia portata da elettroni, protoni, muoni, ecc., o di diverse "forme di quantità di moto."

Così come non ha senso parlare della forma di quantità di moto "palla da bowling," ma ha senso distinguere la sostanza immateriale "quantità di moto" dal suo portatore materiale "palla da bowling," allo stesso modo non ha senso confondere la sostanza immateriale "energia" e i suoi possibili portatori, siano essi materiali o immateriali.

MASSA, ENERGIA E MATERIA

Ho già accennato all'importanza di distinguere il concetto di *materia* da quello di *energia*, poiché i due concetti si rifanno a categorie ontologiche del tutto differenti: l'energia è infatti una *proprietà della materia*, la cui caratteristica è quella di comportarsi come una *simil-sostanza*.

Allo stesso modo, ho accennato all'importanza di non confondere il concetto di *massa* con quello di *materia*. Infatti, secondo la teoria della relatività (ristretta e generale) sappiamo che (fino a prova del contrario) *massa ed energia sono due modi del tutto equivalenti di parlare della stessa realtà*: si tratta esattamente dello stesso concetto, solo descritto con unità di misura differenti.

Anche l'energia, come la massa, determina l'intensità con cui un'entità fisica (che possiede tale energia) sia in grado di ricevere ulteriore energia da un campo gravitazionale, tramite la forza-peso (che come tutte le forze descrive l'intensità e la direzione di una corrente di quantità di moto). E l'energia, esattamente come la massa, determina anche la resistenza esercitata da un'entità fisica nel modificare il suo stato di moto (inerzia).

In altre parole, energia e massa hanno le medesime caratteristiche, e pertanto si tratta esattamente della stessa proprietà fisica. Possiamo dunque parlare indifferentemente di massa, energia, o massa-energia (termine ridondante). E così come è necessario distinguere materia ed energia, è altresì necessario distinguere materia e massa, essendo quest'ultima una proprietà simil-sostanziale della materia equivalente all'energia.

La maggiore difficoltà nel distinguere materia e massa (quindi materia ed energia) risiede nel fatto che in fisica la massa fu inizialmente compresa come "quantità di materia." Ma beninteso, non dobbiamo confondere la quantità di una data sostanza materiale, espressa ad esempio dal numero di entità fisiche elementari di un certo tipo presenti in un sistema, con la massa (o energia) portata da queste entità.

PROBLEMI DI TERMINOLOGIA

Considerando la chiarificazione concettuale operata nelle sezioni precedenti, e in particolar modo la distinzione fondamentale tra il concetto di "energia," che non è declinabile in diverse forme, e il concetto di "portatori di energia," i quali invece sono molteplici e vanno sicuramente distinti tra loro, possiamo interrogarci sulla pertinenza di vocaboli quali: energie (al plurale), energie sottili, energie extrafisiche, energie immanenti, energie coscienziali, dimensione energetica, energosoma, corpo energetico, ecc.

Innanzitutto, osserviamo che usare il termine di energia al plurale, cioè parlare di "energie," è ovviamente fuorviante, poiché ciò suggerirebbe l'esistenza di più di una sola sostanza immateriale associata al concetto di energia. Invece, come abbiamo visto, esiste un'unica sostanza immateriale denominata "energia," che possiede la proprietà rimarchevole di essere conservata (fino a prova del contrario) in tutti i processi di interazione tra le diverse entità fisiche (nel senso che non può essere né creata né distrutta). Pertanto, è auspicabile evitare di declinare il termine "energia" al plurale.

Un'altra inesattezza consiste nel qualificare il termine di energia, ad esempio quando diciamo "energia sottile," o peggio ancora "energie sottili." Se la sostanza immateriale "energia" è una sola, è ovviamente scorretto, come abbiamo spiegato in precedenza, distinguere tra diverse forme di energia. È scorretto farlo nell'ambito dei sistemi fisici ordinari (per quanto sia pratica abituale tra i fisici, compreso l'autore), quindi a maggior ragione è scorretto farlo quando descriviamo i sistemi fisici non-ordinari.

Naturalmente, non è qui in questione l'utilità di usare termini quali ad esempio "sottile," per identificare la natura non ordinaria del fenomeno in questione. Il punto è che questo aggettivo non si riferisce all'energia, ma ai portatori materiali di energia.

In altre parole, se il termine "energie sottili" è inteso come un'abbreviazione che sta per "energia veicolata da sostanze materiali sottili," il suo utilizzo è certamente accettabile. D'altra parte, secondo la mia esperienza, quando si usa questa espressione, non è questo il senso che viene solitamente inteso. Pertanto, il mio consiglio è di adoperare il più possibile i termini più appropriati di "materie sottili," "sostanze materiali sottili," o "fluidi materiali sottili," anziché "energie sottili."

Lo stesso genere di osservazioni si applica ovviamente anche per gli altri termini summenzionati. Anziché parlare di "energie immanenti," sarebbe più appropriato parlare di "materie immanenti," o "sostanze materiali immanenti." Stessa cosa per il termine di "energie coscienziali," che andrebbe rimpiazzato con "materie coscienziali" o "sostanze materiali coscienziali."

Il termine "energosoma" (o "corpo energetico") si presta anch'esso a possibili fraintendimenti, poiché ogni veicolo di manifestazione possiede energia, ed è pertanto un'energosoma! Ogni entità fisica possiede, fino a prova del contrario, energia, e sottolineare che una determinata entità è di natura energetica è una sorta di pleonasmo, che rischia più di confondere che chiarificare.

Il termine "energia," associato a "soma," solitamente serve a indicare la natura più *fluida* e traslucida di questo veicolo, se paragonato al più rigido e opaco veicolo somatico, anche perché nell'immaginario si è soliti associare il concetto di energia con qualcosa per l'appunto di fluido, vibrante, luminoso, elettrico. In tal senso, sarebbe forse preferibile usare termini quali "fluidosoma," o "corpo vibrazionale."

Anche il concetto di pensene, dal mio punto di vista, andrebbe rivisitato, rimpiazzando l'"e" (o l'"ene") di "energia," con un "ma," riferito all'aspetto "materia," costitutivo delle entità fisiche, siano esse ordinarie o non-ordinarie. Ossia, "pensema," anziché "pensene." Infatti, la materia, o meglio le materie, sono l'elemento fondante, su cui poggiano i processi cognitivi, quali le emozioni e i pensieri. E così come ci sono materie di natura differente, più o meno sottili, allo stesso modo vi sono processi emozionali e mentali di diversa natura, a seconda delle sostanze materiali che li portano.

Ad esempio, possiamo provare emozioni e pensare utilizzando primariamente la materia del nostro soma, oppure la paramateria del nostro psicosoma, quando ci troviamo in stati extracorporei, o la metamateria del nostro mentalsoma, nel corso ad esempio di una proiezione mentalsomatica.

Consideriamo ora il termine "extrafisico." Qui, a seconda del significato che si attribuisce al prefisso "extra," la comprensione del termine potrà variare. Innanzitutto, è bene comprendere l'etimologia della parola "fisica." Questa può essere ricondotta al termine greco "phusis," che significa "ciò che è posto in esistenza," che a sua volta deriva dal verbo greco "phuoo," che significa "creare, spuntare." Più tradizionalmente, la parola viene associata al termine, sempre greco, "physis," che indica la "natura," intesa come il "mondo," cioè come "ciò che esiste in senso sostanziale."

Insomma, comunque si voglia intendere l'etimologia della parola, questa non crea certamente separazioni tra realtà "grossolane" e "sottili," ma abbraccia potenzialmente la realtà tutta. Il termine "extrafisico" non va quindi inteso nel senso di ciò che si situerebbe oltre il fisico, poiché ciò non avrebbe alcun senso. Il prefisso "extra" va invece inteso nel senso di "extra-ordinario," cioè di "non ordinario." Ecco allora che il nostro veicolo di collegamento tra il soma e lo psicosoma – il *fluidosoma* – sarebbe un "veicolo extrafisico," nel senso di un "veicolo fisico non ordinario."

Pertanto, quando parliamo di "dimensioni extrafisiche," dobbiamo intendere questo termine nel senso di "dimensioni fisiche non ordinarie," cioè "dimensioni fisiche formate da sostanze materiali di tipo non ordinario.[10]" Termini invece come "energie extrafisiche" andrebbero evitati del tutto, e rimpiazzati da "materie extrafisiche," da intendere come "materie fisiche non ordinarie."

ENERGIA E DATI

Il concetto di energia non è ovviamente l'unico concetto rilevante nello studio delle proprietà delle sostanze fisiche, siano esse ordinarie o non ordinarie, viventi o non viventi. Un altro concetto di indubbia importanza è quello relativo all'informazione che viene costantemente scambiata tra i diversi sistemi fisici.

Molti autoricercatori affermano, a giusto titolo, che quello che caratterizza maggiormente i fenomeni psicoenergetici non è tanto la quantità di energia scambiata, quanto l'informazione che in questo modo viene veicolata.

Indubbiamente, i fenomeni psicoenergetici che un essere umano è in grado di manifestare, sia nella sua condizione intrafisica che extrafisica, promuovono dinamiche che oltre a veicolare energia veicolano anche informazione. In altre parole, l'aspetto "comunicazione di un significato" di questi scambi energetici riveste un'importanza probabilmente primaria se si vuole comprendere la vera natura di questi fenomeni.

Una buona analogia è quella del linguaggio orale umano. Interessarsi all'aspetto energetico della comunicazione orale

---

[10] Allo stesso modo, la nostra condizione "intrafisica" denota non tanto una condizione di fisicità, quanto una condizione di fisicità ordinaria, associata alla nostra esperienza di uno spazio fisico ordinario, tridimensionale, popolato da sostanze classiche, di un tipo specifico.

umana è sicuramente importante, e necessita di una conoscenza approfondita delle caratteristiche delle corde vocali, delle membrane timpaniche, delle onde di perturbazione longitudinale che si propagano nell'aria. Ma pensare di poter comprendere che cosa accade realmente quando due umani comunicano oralmente tra loro, prendendo unicamente in considerazione l'aspetto energetico della comunicazione, sarebbe ovviamente del tutto insufficiente.

In altre parole, per comprendere appieno le interazioni nell'ambito dei colloqui umani, bisogna anche, e soprattutto, interessarsi di sintassi e di semantica, cioè della struttura del linguaggio e del significato veicolato da tale struttura, oltre che, beninteso, del modo in cui questo significato viene modulato a seconda dei contesti e delle menti che partecipano all'interazione.

D'altra parte, è anche vero che per parlare bisogna avere delle corde vocali funzionanti, e che per ascoltare sono necessarie orecchie ben funzionanti. Inoltre, sott'acqua, non è sicuramente pratico avere una conversazione chiara con il proprio interlocutore (indipendentemente dai problemi respiratori). Dico questo per attirare l'attenzione sul fatto che una cosa è un flusso di dati, e l'informazione che esso potenzialmente veicola, e un'altra cosa è il suo trasporto.

Quando stavo scrivendo questo articolo, a causa di un piccolo terremoto si è verificato un imprevisto black-out di corrente, che di colpo ha azzerato il flusso di energia in entrata nel mio computer. La conseguenza di questo piccolo incidente energetico è che l'intero documento su cui stavo lavorando è andato distrutto, assieme ai dati che conteneva.

Con questo aneddoto desidero solo attirare l'attenzione su un fatto elementare: per il trasporto di dati, quindi dell'informazione associata a quei dati, ci vuole energia, e per il trasporto di energia, come abbiamo visto, deve essere presente almeno un portatore materiale.

Quindi, per quanto concordi nel ritenere che gli scambi di energia associati alle dinamiche mentali necessitino di essere compresi non solo in termini di quantità di energia, correnti di energia e correnti di portatori, ma anche e soprattutto in termini di contenuti, relazione, significato, coerenza, struttura, ecc., è importante ricordare sempre che ogni comunicazione di dati necessita, per poter essere attuata, della presenza di sostanze materiali e immateriali in grado di sostenerla.

Pertanto, la comprensione di tali scambi non potrà esulare completamente dalla comprensione della natura delle sostanze che veicolano i dati in questione, che sono poi le stesse che veicolano anche l'energia.

A questo proposito vorrei osservare – e qui concludo questo mio breve inciso sull'aspetto "informazione" – che anche la grandezza fisica "quantità di dati" si comporta come una simil-sostanza di natura immateriale, a cui è possibile associare una specifica corrente, la cui intensità si calcola solitamente in bit al secondo.

SOSTANZE CLASSICHE E NON-CLASSICHE

Prima di concludere questo articolo, alcune parole vanno dette circa la questione delle *sostanze materiali non classiche*. Infatti, abbiamo ipotizzato in questo scritto, per non complicare troppo la discussione, che le materie in gioco, sia nei sistemi fisici ordinari che in quelli non-ordinari, siano di natura classica, nel senso di materie presenti in ogni istante nel nostro spazio fisico ordinario (SFO) *tridimensionale*.

Questa però non è certamente la regola. Un tipico esempio di sostanza materiale non classica è il portatore delle onde elettromagnetiche. Un tempo tale portatore veniva denominato dai fisici l'*etere*, ma poi, con l'avvento della relatività di Einstein, il termine sparì quasi totalmente dalla loro terminologia.

Questo poiché, quale conseguenza della teoria della relatività, appariva del tutto impossibile attribuire all'etere uno specifico stato di moto nello spazio. E se l'etere non possedeva un moto proprio, la logica conseguenza per molti fisici era quella di decretarne semplicemente l'inesistenza, sulla base del pregiudizio che il nostro spazio tridimensionale costituisse il teatro contenente la totalità dell'esistente, e che ogni entità spaziale dovesse necessariamente possedere uno stato di moto ben definito.

Ma una volta eliminato l'etere, le onde elettromagnetiche divenivano di colpo delle perturbazioni paradossali, in grado di propagarsi nel *nulla*, cioè senza che vi sia la presenza di un portatore materiale in grado di condurne la propagazione.

A dire il vero, se il concetto di etere è uscito dalla porta principale, è comunque rientrato da quella di servizio, sotto altre spoglie. Infatti, i fisici oggi non parlano più di etere, questo è vero, ma parlano del *vuoto* e delle sue proprietà, distinguendo tale concetto dal *nulla*; oppure, parlano di *campi*, intendendo con questo concetto l'insieme di proprietà possedute da specifiche regioni dello spazio tridimensionale.

Ma l'escamotage di eliminare il termine "etere" non risolve il problema di determinare che cosa sia il vuoto fisico o i campi fisici. È indubbio che essendo questi dotati di proprietà fisiche, si tratta per forza di cose di entità fisiche formate da sostanze materiali. Ma tali sostanze, per quanto materiali, non sono certo di tipo ordinario.

Infatti, l'impossibilità di attribuire loro uno stato di moto ben definito lascia intendere che si tratti di materie non appartenenti al nostro SFO tridimensionale. Ma se questo è quanto suggeriscono le teorie relativistiche, la situazione si fa ancora più seria quando entra in gioco la teoria quantistica.

Invero, è noto che le entità quantistiche, pur essendo certamente fisiche, non si lasciano in alcun modo descrivere come sostanze che soggiornerebbero stabilmente nel nostro SFO tridimensionale, la loro spazialità essendo molto diversa da quella degli oggetti della nostra esperienza quotidiana.

Ovviamente, non mi è possibile in questo articolo entrare nel dettaglio di questi temi, concettualmente assai delicati. Per approfondire la questione, consiglio la lettura dei lavori del fisico belga *Diederik Aerts*, in particolar modo [AERTS, 1990, 1999]. Numerosi accenni al lavoro di Aerts si trovano anche nei miei articoli [SASSOLI DE BIANCHI, 2006a, 2006b, 2009b]. Per dei lavori di più recente pubblicazione, vedi anche:

[SASSOLI DE BIANCHI, 2011b, 2012, 2013a, 2013b].[11]

In particolare, nell'articolo [SASSOLI DE BIANCHI, 2013a], suggerisco di guardare al nostro *spazio fisico* come a un ente che va ben oltre il semplice teatro tridimensionale della nostra esperienza ordinaria. Le sostanze classiche, quelle che in ogni momento possiedono una posizione e una quantità di moto ben definite, sono quelle che per definizione soggiornano stabilmente nello SFO *tridimensionale*, e che tutti conosciamo, ma questo spazio si trova a sua volta contenuto in spazi più grandi, di natura *stra-ordinaria*, ed è in questi ambiti non ordinari che soggiornano abitualmente le entità quantistiche.

Questi spazi più ampi, per quanto stra-ordinari dal punto di vista della nostra percezione ordinaria, fanno pur sempre parte dello spazio fisico, poiché, come ho più volte sottolineato, tutto ciò che esiste ha per definizione una sua fisicità, cioè una sua materialità (un sostrato che ne fonda l'esistenza).

Pertanto, il quadro concettuale presentato in questo lavoro rimane in linea di massima valido anche per le sostanze materiali quantistiche, sebbene il loro modo di comportarsi e manifestare la loro presenza differisca da quello dei corpi macroscopici classici. La loro presenza nello spazio tridimensionale è infatti solo potenziale: sono disponibili a lasciarsi risucchiare in esso, in talune circostanze, e questa loro disponibilità è quantificabile per mezzo di probabilità, ma il loro luogo di residenza primario non è lo SFO della nostra esperienza intrafisica tridimensionale (un fatto solitamente descritto nella letteratura scientifica con il concetto di *non-località*).

Lo stesso è indubbiamente vero anche per le paramaterie più sottili, sebbene le loro caratteristiche siano probabilmente molto differenti rispetto alle entità quantistiche oggi studiate dai fisici, così come sono probabilmente differenti gli spazi stra-ordinari dove solitamente queste paramaterie risiedono.[12]

---

[11] L'articolo [SASSOLI DE BIANCHI, 2011b] è disponibile anche in versione italiana: AutoRicerca, No. 2, Anno 2011.

[12] Probabilmente, la distinzione tra comportamenti classici e quantistici non si applica soltanto alle materie studiate oggi dai fisici con-

Ma a prescindere dalla natura delle diverse sostanze materiali, e degli spazi (ordinari o stra-ordinari) in cui esse abitualmente risiedono, non vi sono ragioni, ritengo, per venire meno a uno dei principi di base evidenziati in questo lavoro, ossia che per trasportare energia tra due entità, indipendentemente dalla loro natura e spazialità, è sempre necessaria la presenza di almeno un portatore materiale (ordinario o stra-ordinario) e di possibili ulteriori portatori immateriali.

CONCLUSIONE

Concludo questo articolo con alcune brevi osservazioni.

Riguardo alla questione dell'inadeguatezza del concetto di "forma di energia," si potrebbe obiettare che anche nel campo della scienza convenzionale la confusione tra energia e forme di energia viene continuamente promossa. Questo è sicuramente vero, ma non è perché un errore concettuale viene promosso dai più che questo giustifica la sua perpetrazione.

Nello studio delle paramaterie "sottili," ritengo sia particolarmente importante sottolineare la non-soggettività di tali entità – come ad esempio i diversi veicoli e le relative interfacce che formano l'olosoma della coscienza – riferendosi ad esse non in quanto "strutture energetiche," ma piuttosto in quanto "strutture materiali," sebbene di tipo stra-ordinario.

Molte delle idee espresse in questo articolo si rifanno ai lavori della scuola tedesca di fisica di *Karlsruhe* [FALK *et al.*, 1983], [SCHMID, 1984], [HERRMANN, 2000]. In questa scuola non si fa uso però del concetto di "sostanza immateriale," nel senso che la distinzione tra "portatori materiali" e "portatori immateriali" non viene considerata (si parla di portatori di energia in modo generico, indipendentemente dalla loro natura).

È importante osservare che la natura immateriale di una sostanza è tale perché si tratta di una simil-sostanza che non ha modo di esistere senza il supporto di una sostanza materiale.

---

venzionali, ma anche alle paramaterie che formano i veicoli superiori di manifestazione e le relative dimensioni esistenziali della coscienza.

Che questa sostanza di supporto sia sottile o meno, non cambia nulla. È bene quindi non confondere le sostanze paramateriali "sottili" con le sostanze immateriali ad esse associate, quali ad esempio l'energia. L'energia è, fino a prova del contrario, una grandezza puramente immateriale, indipendentemente dal contesto spaziale, dimensionale, esistenziale considerato.

APPENDICE

In questa appendice riporto unicamente una relazione fondamentale tra grandezze *intensive* ed *estensive*, che determina l'intensità di una corrente di energia $I_E = P$ (potenza). Questa relazione evidenzia il fatto che ad ogni portatore di energia (caratterizzato da una grandezza estensiva, come la quantità di materia, la carica elettrica, la quantità di moto, l'entropia, ecc.) è associata una specifica grandezza intensiva (potenziale chimico, potenziale elettrico, velocità, temperatura, ecc.) che determina quanto il portatore sia carico di energia, o meglio, la "spinta" che il portatore riceve e che va a determinare il valore dell'intensità della corrente energetica [FALK *et al*, 1983], [SCHMID, 1984]. Più esattamente, abbiamo la seguente relazione fondamentale:

$$I_E = \mu \cdot I_M + \phi \cdot I_Q + v \cdot I_p + T \cdot I_S + \cdots,$$

dove I_M è l'intensità della corrente del portatore materiale (misurata in numero di moli al secondo) e μ il potenziale chimico; I_Q è l'intensità della corrente del portatore immateriale "carica elettrica" (misurata in ampere, cioè in coulomb al secondo) e ϕ è il potenziale elettrico; I_p è l'intensità della corrente del portatore immateriale "quantità di moto" (misurata in newton, cioè in huygens al secondo, solitamente associata al concetto di forza) e v è la velocità; I_S è l'intensità della corrente del portatore immateriale "entropia" (misurata in carnot al secondo) e T è la temperatura assoluta.

BIBLIOGRAFIA

[ABS DE LIMA, 2005] Abs De Lima, André, "An Analysis of Bioenergy as studied by Projectiology and other Conventional Sciences," Journal of Conscientiology, Volume 7, No. 27, pp. 255-268 (2005).

[AERTS, 1999] Aerts, Diederik, "The Stuff the World is Made of: Physics and Reality," in: *The White Book of "Einstein Meets Magritte"*, Edited by Diederik Aerts, Jan Broekaert and Ernest Mathijs, Kluwer Academic Publishers, Dordrecht, pp.129-183 (1999).

[AERTS, 2011] Aerts, Diederik, "An attempt to imagine parts of the reality of the micro-world," in: *Problems in Quantum Physics II; Gdansk '89*, eds. Mizerski, J., et al., World Scientific Publishing Company, Singapore, 1990; pp. 3-25. (Traduzione in italiano: AutoRicerca, No. 2, Anno 2011).

[ALEGRETTI, 2008] Alegretti, Wagner, "An Approach to the Research of the Vibrational State through the Study of Brain Activity," Journal of Conscientiolgy, Vol. 11, No. 42, p. 217 (2008). (Traduzione in italiano: AutoRicerca, No. 1, Anno 2011).

[BRUCE, 2007] Bruce, Robert, *Energy Work;* Hampton Roads Publishing Company (2007).

[FALK *et al.*, 1983] Falk, G., Herrmann, F. and Schmid, G.B., "Energy forms or energy carriers?" Am. J. Phys. 51, pp. 1074-1077 (1983).

[HERRMANN & JOB, 1996] Herrmann, F. and Job, G.; "The historical burden on scientific knowledge," Eur. J. Phys. 17, pp. 159-163 (1996).

[HERRMANN, 2000] Herrmann, F., "The Karlsruhe Physics Course," Eur. J. Phys. 21, pp. 49-58 (2000).

[SASSOLI DE BIANCHI, 2006a] Sassoli de Bianchi, Massimiliano, "A Dialogue About Science, Reality and the Consciousness – Part I," Journal of Conscientiology; Volume 9, No. 33, pp. 365-418 (2006).

[SASSOLI DE BIANCHI, 2006b] Sassoli de Bianchi, Massimiliano, "A Dialogue About Science, Reality and the Consciousness – Part II," Journal of Conscientiology, Volume 9, No. 34, pp. 3-56 (2006).

[SASSOLI DE BIANCHI, 2009a] Sassoli de Bianchi, Massimiliano, "Interdimensional energy transfer: a simple mass model," Journal of Conscientiology, Volume 11, No. 43, pp. 297-315 (2009). (Traduzione in italiano: AutoRicerca, No. 6, Anno 2013).

[SASSOLI DE BIANCHI, 2009b] Sassoli de Bianchi, Massimiliano, "Reply to Dave Lindsay's letter," Journal of Conscientiology; Volume 12, No. 45, pp. 65-72 (2009).

[SASSOLI DE BIANCHI, 2011a] Sassoli de Bianchi, Massimiliano, "Dal pranayama dello Yoga all'OLVE della Coscienziologia: proposta per una tecnica integrativa," AutoRicerca, No. 1, Anno 2011.

[SASSOLI DE BIANCHI, 2011b] Sassoli de Bianchi, Massimiliano, "Ephemeral Properties and the Illusion of Microscopic Particles," Found. Science, Volume 16, No. 4, pp. 393-409 (2011). (*Traduzione in italiano*: AutoRicerca, No. 2, Anno 2011).

[SASSOLI DE BIANCHI, 2012] Sassoli de Bianchi, Massimiliano, "From permanence to total availability: a quantum conceptual upgrade," Foundations of Science, Vol. 17, Issue 3, pp. 223-244 (2012).

[SASSOLI DE BIANCHI, 2013a] Sassoli de Bianchi, Massimiliano, "The δ-quantum machine, the k-model, and the non-ordinary spatiality of quantum entities," Foudations of Science, March issue, Volume 18, Issue 1, pp 11-41 (2013).

[SASSOLI DE BIANCHI, 2013b] Sassoli de Bianchi, Massimiliano, "The observer effect," Foundations of Science, June issue, Volume 18, Issue 2, pp 213-243 (2013).

[SCHMID, 1984] Schmid, G.B., "An up-to-date approach to physics," Am. J. Phys. 52, pp. 794-799 (1984).

[TILLER, 1993] Tiller, William A., "What Are Subtle Energies?" Journal of Scientific Exploration, Vol. 7, No. 3, pp. 293-304 (1993).

[TRIVELLATO, 2008] Trivellato, Nanci, "Measurable Attributes of the Vibrational State Technique," Journal of Conscientiolgy, Vol. 11, No. 42, p. 165 (2008). (Traduzione in italiano: AutoRicerca, No. 1, Anno 2011).

[VERNON VUGMAN, 1999] Vernon Vugman, Ney, "Conscientiology and Physics: A Desirable Couple?" Journal of Conscientiology; Volume 1, No. 4 (1999).

[VIERA, 2002] Viera, Waldo, *Projectiology, A Panorama of Experiences of the Consciousness outside the Human Body*, Rio de Janeiro, RJ – Brazil, International Institute of Projectiology and Conscientiology (2002).

[ZAMPERINI, 1998] Zamperini, Roberto, *Energie sottili*, Macro Edizioni (1998).

Nota: la versione originale inglese di questo articolo è stata accettata per pubblicazione nel Journal of Conscientiology. La traduzione in italiano dall'inglese è a cura dell'autore.

TRASFERIMENTO INTERDIMENSIONALE DI ENERGIA: UN MODELLO SEMPLICE DI MASSA

Massimiliano Sassoli de Bianchi

RIASSUNTO. Un semplice modello di massa viene presentato per spiegare la separazione energetica tra la dimensione fisica e le dimensioni extrafisiche. Il modello può essere utilizzato anche per comprendere il funzionamento dell'olochakra (energosoma), nel suo ruolo di struttura mediatrice in grado di accrescere considerevolmente l'efficienza del trasferimento energetico interdimensionale.

INTRODUZIONE

La nostra realtà è costituita da diverse sostanze energetiche. Le sostanze fisiche, genericamente denominate *materia*, formano la nostra dimensione fisica (materiale), che è stata ampiamente indagata dai *fisici*, in particolar modo negli ultimi due secoli. D'altra parte, le sostanze extrafisiche, che denomineremo genericamente *paramateria*, formano le più vaste dimensioni extrafisiche, campo di indagine del *parafisico*, una figura scientifica emergente, che acquisirà maggiore riconoscimento in un prossimo futuro.

Su questo pianeta, contrariamente alla fisica, la parafisica non ha ancora raggiunto il grado di sviluppo di una scienza dura, quantitativa, e pienamente matematizzata. I parafisici (intrafisici) si trovano oggi nella stessa condizione in cui si trovavano gli antichi filosofi greci come Democrito [circa 460-370 a.C.], quando ancora speculavano sulla possibile struttura atomica della materia fisica ordinaria.[1]

Al momento, una strategia che i parafisici possono sicuramente adottare, nello studio delle proprietà della paramateria e delle sue interazioni con la materia ordinaria, è quella di sfruttare ogni possibile analogia con ciò che è già stato stabilito circa la dimensione fisica ordinaria. Infatti, possiamo aspettarci che alcuni dei principi e modelli generali scoperti e sviluppati nel campo della fisica moderna potranno dimostrare la loro utilità, *mutatis mutandis*, anche nella comprensione della realtà extrafisica, se non altro nelle prime fasi di sviluppo della nascente parafisica.

Beninteso, un tale esercizio va sempre condotto *cum grano salis*, altrimenti, come già evidenziato da Vernon Vugman [1999], la migrazione dei concetti dalla fisica alla parafisica (coscienziologia) potrebbe promuovere un indebito riduzionismo e possibilmente compromettere il pieno sviluppo di questa nuova scienza.

---

[1] In realtà, i filosofi greci come Democrito non erano interessati solo a spiegare le sostanze fisiche, ma anche quelle extrafisiche.

Scopo di questo articolo è quello di presentare e discutere alcune semplici analogie, alfine di acquisire una più ampia comprensione del meccanismo di interazione tra le diverse sostanze presenti nelle diverse dimensioni esistenziali. Più esattamente, considereremo le seguenti due dimensioni specifiche: quella *fisica* e quella *extrafisica propriamente detta* (corrispondente alla cosiddetta *dimensione astrale*, descritta ad esempio nella letteratura esoterica).

Come è noto, queste due dimensioni interagiscono molto debolmente, non essendo per nulla facile per una coscienza extrafisica manifestarsi direttamente e oggettivamente nella dimensione fisica (e viceversa). Una domanda si pone allora in modo naturale: Perché le cose stanno in questo modo?

Perché una sostanza extrafisica non è in grado di interagire facilmente con una sostanza fisica, e viceversa?

Di primo acchito, la domanda potrebbe sembrare enigmatica, considerando che la dimensione fisica ed extrafisica contengono entrambe, almeno in linea di principio, una quantità illimitata di energia. Pertanto, la debole interattività osservata non può essere spiegata con un semplice argomento di carenza energetica di una dimensione rispetto all'altra, anche perché il problema si manifesta in entrambe le direzioni: da quella extrafisica a quella fisica, ma anche da quella fisica a quella extrafisica. Pertanto, una versione più specifica della summenzionata domanda potrebbe essere la seguente:

Perché il trasferimento di energia dalla dimensione extrafisica a quella intrafisica, e viceversa, risulta in generale così inefficiente?

IL MODELLO FREQUENZIALE

Solitamente, per rispondere alla domanda di cui sopra, si fa appello al concetto di *frequenza*. La spiegazione standard procede nel modo seguente. Si comincia con l'ipotizzare che tutte le entità reali possiedono delle proprietà vibrazionali,[2]

---

[2] Ipotesi nota come *principio della vibrazione*, nella filosofia ermetica.

esprimibili come insieme di frequenze caratteristiche di *risonanza*, che formano il cosiddetto *spettro* (frequenziale) dell'entità. Per essere più specifici, denominiamo σ_A lo spettro di una determinate entità A. Questo significa che A può *vibrare* solo alle frequenze che appartengono all'insieme σ_A. Allo stesso modo, consideriamo un'altra entità B, con spettro σ_B. Ora, dacché A e B possono solo vibrare alle frequenze del loro spettro, potranno interagire, quindi scambiare efficientemente energia, se e solo se l'intersezione $\sigma_A \cap \sigma_B$ dei loro spettri non equivale all'insieme vuoto (vedi Figura 1).

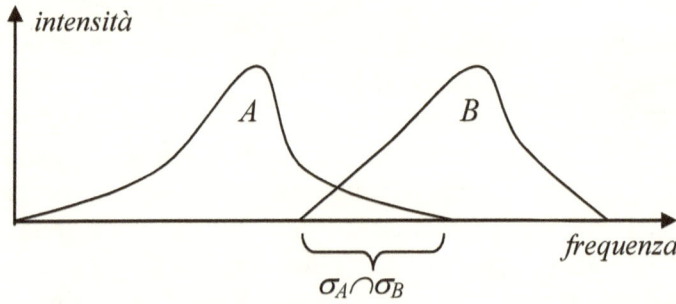

Figura 1. Una rappresentazione schematica di due entità, i cui spettri si sovrappongono (la loro intersezione non è vuota).

È possibile allora spiegare l'inefficienza del trasferimento energetico tra la dimensione fisica e quella extrafisica ipotizzando che le frequenze vibrazionali caratteristiche di un'entità extrafisica siano, solitamente, di molto superiori a quelle di un'entità fisica, cosicché i loro spettri non si sovrappongono. Di conseguenza, le entità fisiche ed extrafisiche non sono in grado di scambiare efficientemente energia, in quanto non condividono dei canali di frequenza comuni attraverso i quali poter comunicare (vedi Figura 2).

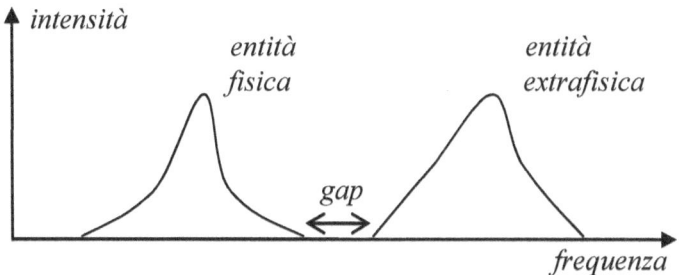

Figura 2. Una rappresentazione schematica di un'entità fisica ed extrafisica, i cui spettri non si sovrappongono (la loro intersezione è vuota).

L'ipotesi che le entità appartenenti alle dimensioni extrafisiche vibrino a frequenze superiori rispetto alle entità fisiche è supportata da un certo numero di parapercezioni, riportate ad esempio dai proiettori lucidi. Possiamo menzionare, come esempio emblematico, la sensazione di una vibrazione intensa, continua e crescente (stato vibrazionale), assai comune in fase di esteriorizzazione dello psicosoma (corpo astrale).

Ma pur essendo innegabile che la dimensione fisica e quelle extrafisiche non possano facilmente influenzarsi a vicenda, è altrettanto innegabile che esistano delle strutture multidimensionali in cui il trasferimento di energia interdimensionale sembra funzionare con notevole efficienza. Si consideri ad esempio il nostro soma, la cui esistenza dipende fortemente dall'essere supportato dalla presenza dello psicosoma. Nonostante il divario di frequenza ipotizzato tra questi due veicoli, un intenso flusso di energia informata viene mantenuto in modo efficiente e continuo tra di essi, durante l'intera vita intrafisica della coscienza. Come è possibile?

Perché il trasferimento di energia tra lo psicosoma e il soma, e viceversa, avviene con così grande efficienza entro la nostra struttura olosomatica?

Naturalmente, la risposta a questa domanda è ben nota: tra lo psicosoma e il soma è presente un agente energizzante intermedio, l'*olochakra* (detto anche *energosoma*, corpo eterico, fluidosoma, ecc.), ed è proprio grazie a questo suo ruolo di *mediatore* che i due veicoli possono scambiare energia in modo efficiente. Entro il paradigma del modello frequenziale, si può spiegare il funzionamento dell'olochakra semplicemente ipotizzando che la sostanza *quasifisica* (o quasiextrafisica) di cui è composto possieda uno spettro di frequenza intermedio rispetto a quello somatico e psicosomatico, in modo che abbia un'intersezione non vuota con entrambi. Ciò significa che l'olochakra sarebbe in grado di agire come un ponte tra il veicolo somatico e quello psicosomatico, colmando il divario di frequenza tra queste due entità (vedi Figura 3).

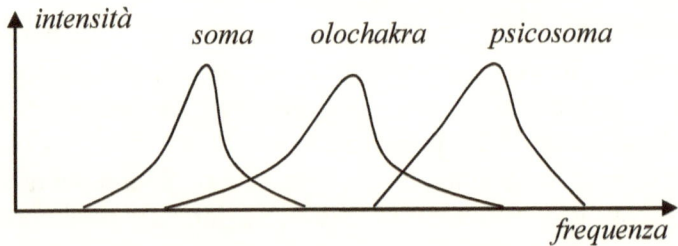

Figura 3. L'olochakra, con il suo spettro intermedio, forma un ponte di frequenza tra il soma e lo psicosoma.

IL MODELLO DI MASSA CLASSICO

Il modello di frequenza (risonanza) che abbiamo brevemente descritto è indubbiamente noto ed è stato ampiamente descritto nella letteratura. Pressoché tutti i lavori che indagano le cosiddette energie sottili menzionano, in un modo o nell'altro, le idee fondamentali di frequenza e di risonanza (vedi ad esempio [VIEIRA, 2002], pagine 205 e 979-987).

Scopo di questo lavoro è quello di presentare un modello che offra un quadro concettuale alternativo per spiegare l'osservata inefficienza del trasferimento energetico interdimensionale. Il modello è estremamente semplice: consiste nell'affermare che la differenza più importante tra la materia e la paramateria risiede nelle loro diverse *densità*. Più esattamente, l'ipotesi di base è che, in generale, *la materia è molto più densa della paramateria*.

Tuttavia, non intendiamo con questo affermare che le sostanze extrafisiche sarebbero più *rarefatte* delle sostanze fisiche, come sarebbe il caso, ad esempio, per un gas rispetto a un liquido, o a un solido. Ciò che intendiamo è che una tipica "particella" fisica (come un elettrone) sarebbe, di molti ordini di grandezza, più massiccia di una tipica "particella" extrafisica (ad esempio un paraelettrone, ipotizzando la sua esistenza). Pertanto, data una determinata sostanza fisica, e una determinata sostanza extrafisica, aventi ciascuna lo stesso numero di particelle per unità di volume, ciò che stiamo ipotizzando è che la densità della prima sia di molto superiore alla densità della seconda, poiché le *masse inerziali* (a riposo) delle particelle fisiche sarebbero, generalmente, notevolmente superiori alle masse di quelle extrafisiche.

Come è il caso dell'*ipotesi frequenziale*, anche la presente *ipotesi inerziale* è supportata da numerose parapercezioni sperimentate dai proiettori lucidi. Possiamo menzionare, come esempio tipico, il fenomeno della *bradicinesia extrafisica*, una condizione di difficoltà e lentezza nel movimento percepita dalla coscienza quando si muove proiettata nello psicosoma. La causa di questo "movimento al rallentatore" viene solitamente identificata nella maggiore densità della *sfera energetica extrafisica*,[3] in confronto alla leggerezza della sostanza che forma lo psicosoma in movimento.

Supponiamo ora, per semplificare il nostro modello il più possibile, che le sostanze sia materiali che paramateriali siano costituite da *particelle puntiformi classiche*. Secondo la nostra ipotesi, l'unica differenza rilevante tra queste due sostanze

---

[3] Ogni individuo (intrafisico) è al centro di un campo di emanazione sottile, espressione dell'*aura* umana, abbastanza denso (dalla prospettiva extrafisica), di circa *4 metri* di raggio, detto *sfera energetica e-xtrafisica*.

risiede nella massa dei loro costituenti. Più precisamente, indicheremo con la lettera minuscola *m* la massa tipica di una particella *paramateriale*, e con la lettera maiuscola *M* la massa tipica di una particella *materiale*. La nostra ipotesi è che il rapporto di massa *m/M* sia molto piccolo (*m/M* ≅ 0).

Per determinare l'efficienza del trasferimento energetico tra paramateria e materia, dobbiamo analizzare cosa accade durante una *collisione* tra una particella paramateriale e una materiale, e chiederci:

Quanta energia la particella parafisica di massa m può trasmettere alla particella fisica di massa M?

Per rispondere a questa domanda, sia *v* la velocità della particella parafisica che si muove verso quella fisica, e supponiamo che quest'ultima sia inizialmente a riposo (vedi Figura 4).

Figura 4. Una particella extrafisica di velocità *v* si scontra con una particella fisica inizialmente a riposo.

Dopo la collisione (che ipotizzeremo qui essere unidimensionale e puramente elastica, per semplificare), la particella parafisica si muoverà in direzione opposta, con una velocità inferiore *v'<v*, mentre la particella fisica, che era inizialmente a riposo, acquisirà una velocità non nulla *v''* (vedi Figura 5).

Figure 5. In seguito allo scontro elastico, la particella e-xtrafisica più leggera rimbalza all'indietro, dopo aver posto la particella fisica in movimento.

L'energia iniziale E della particella parafisica incidente è data dal termine cinetico $E = mv^2/2$. Similmente, l'energia E'' acquisita dalla particella fisica è data da $E''=M(v'')^2/2$. Siamo interessati a calcolare l'*efficienza energetica* η del processo di collisione. Più esattamente, vogliamo determinare il rapporto $\eta = E''/E$ tra l'*energia in uscita E''* della particella fisica e l'*energia in entrata E* della particella parafisica. Per definizione, il parametro adimensionale η è un numero compreso tra *0* e *1*. Il caso $\eta = 0$ corrisponde a un trasferimento nullo di energia, mentre il caso $\eta = 1$ corrisponde a un trasferimento totale di energia.

Per calcolare η, dobbiamo sfruttare due importanti principi: *conservazione dell'energia* e *conservazione della quantità di moto*. Dopo un po' di algebra, si trova facilmente per η la seguente formula:

$$\eta = \frac{4\lambda}{(1 + \lambda)^2}$$

dove abbiamo definito $\lambda = m/M$. Possiamo osservare che l'efficienza η è funzione unicamente del rapporto di massa λ, e che il suo valore massimo $\eta = 1$ è raggiunto quando $\lambda = 1$, vale a dire quando la collisione è tra due particelle di pari massa (si può pensare ad esempio al famoso pendolo di Newton).

Tuttavia, nella situazione in oggetto, relativa all'interazione tra paramateria e materia, il valore del rapporto di massa λ è tipicamente molto vicino allo zero, in quanto per ipotesi M supera m di numerosi ordini di grandezza. Ora, se λ tende a zero, possiamo facilmente dedurre dalla precedente formula che l'efficienza η del trasferimento energetico tenderà a sua volta a zero.

Per esempio, ipotizzando che la massa di una tipica particella parafisica sia, in media, *un millesimo* della massa di una particella fisica, sulla base ad esempio dell'osservazione (ovviamente controversa) che il peso medio dello psicosoma di una coscienza intrafisica proiettata sia, approssimativamente, un millesimo del peso del corpo umano che lo "ospita"

[MacDougall, 1907], [Vieira, 2002, pagina 288], [Ishida, 2010], abbiamo che $\lambda = 0,001$, e rimpiazzando questo valore nella precedente formula, otteniamo che $\eta \cong 0,004 = 1/250$. Questo significa che per trasferire *1* unità di energia a una particella fisica, un'entità extrafisica dovrà trasportare almeno *250* unità di energia, ossia un quantitativo di energia superiore di almeno *250* volte.

Grazie a questo modello elementare di particelle collidenti classiche, possiamo già capire perché il trasferimento di energia tra paramatteria e materia sia così difficile. A causa della grande differenza di massa ipotizzata tra i vettori energetici fisici ed extrafisici, l'efficienza del processo risulta essere molto bassa, e necessita di enormi quantità di energia per produrre anche l'effetto più minuscolo.

Vale la pena sottolineare che la formula summenzionata per l'efficienza energetica η resta valida anche quando la particella entrante di energia *E* è fisica, anziché parafisica (e la particella a riposo è parafisica), cosicché la stessa inefficienza nel trasferimento di energia si riscontra quando si passa dal fisico all'extrafisico.[4]

Come per il modello frequenziale, poniamoci ora la seguente domanda:

Possiamo usare questo semplice modello inerziale, a base di particelle puntiformi classiche, per ottenere qualche informazione sul funzionamento dell'olochakra, nel suo ruolo di mediatore energetico tra il soma e lo psicosoma?

A tal fine, supponiamo che la sostanza energetica che forma l'olochakra sia costituita da particelle quasifisiche di massa (a riposo) intermedia rispetto a quella delle particelle che compongono il soma e lo psicosoma. Come vedremo, questo presupposto è sufficiente a spiegare la maggiore efficienza del trasferimento di energia, dovuta alla mediazione dell'olochakra. Più precisamente, supponiamo che il trasferimento di energia dalla particella parafisica incidente, di massa *m*, alla particella

---

[4] Possiamo osservare che $\eta = 4\lambda/(1+\lambda)^2 = 4\lambda^{-1}/(1+\lambda^{-1})^2$, ossia che i ruoli di *m* e *M* sono interscambiabili nella formula.

fisica target, di massa *M*, avvenga tramite un'ulteriore particella, di massa *μ*, situata tra loro (vedi Figura 6). In altri termini, la particella parafisica incidente, di energia *E*, prima colpirà la particella mediatrice (supposta a riposo), e questa poi andrà a colpire la particella fisica target (anch'essa supposta a riposo).

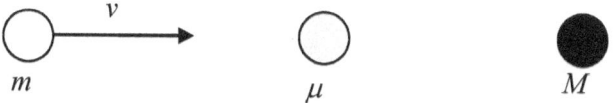

Figura 6. Una particella quasifisica è posta tra la particella extrafisica incidente e la particella fisica target.

L'efficienza η_2 dell'intero processo è ora data dal prodotto delle efficienze delle due successive collisioni. Quindi:

$$\eta_2 = \frac{4\alpha}{(1+\alpha)^2}\frac{4\beta}{(1+\beta)^2}$$

dove $\alpha = m/\mu$ e $\beta = \mu/M$. Se le tre masse sono uguali, allora $\alpha = \beta = 1$ e $\eta_2 = 1$, i.e., il trasferimento di energia è massimo. Ma nella situazione di nostro interesse, le tre masse hanno valori differenti e il trasferimento di energia non avrà un'efficienza massima. Tuttavia, possiamo chiederci per quale valore della massa mediatrice *μ* l'efficienza η_2 raggiungerà il suo valore massimo. Dopo un semplice calcolo, troviamo che il massimo viene raggiunto quando la massa mediatrice *μ* è pari esattamente alla media geometrica delle masse *m* e *M*, cioè *μ* = *(mM)*$^{1/2}$. Pertanto, $\alpha = \beta = \lambda^{1/2}$, e sostituendo questi valori nella formula precedente otteniamo:

$$\eta_2 = \frac{16\lambda}{(1+\sqrt{\lambda})^4}$$

Possiamo confrontare questa espressione con quella precedentemente derivata per l'efficienza η in assenza di particella mediatrice. Consideriamo anche in questo caso la situazione in cui la massa m della particella parafisica è un millesimo della massa M della particella fisica. Sostituendo $\lambda = 0,001$ nell'espressione di cui sopra, troviamo $\eta_2 \cong 0,014 \cong 1/71$. Quindi, otteniamo che per trasferire *1* unità di energia a una particella fisica, una particella extrafisica che fa uso di un singolo mediatore ottimale dovrà trasportare soltanto *71* unità di energia, anziché *250*. In altri termini, grazie al mediatore, l'efficienza del trasferimento di energia è aumentata del 350%. (E di fatto può essere aumentata fino al 400%, vedi [BASHKANSKY *et al.*, 2007]).

Questo semplice calcolo ci mostra che utilizzando una particella mediatrice che possiede la giusta massa intermedia, è possibile aumentare notevolmente l'efficienza del trasferimento di energia. A questo punto possiamo chiederci:

È possibile aumentare ulteriormente l'efficienza del processo di trasferimento energetico, aumentando il numero di mediatori?

Per rispondere a questa domanda, supponiamo che tra la particella parafisica incidente, di massa *m*, e la particella target finale, di massa *M*, vi sia tutta una formazione lineare di *n-1* particelle quasifisiche intermedie, di massa variabile (vedi Figura 7).

Figura 7. Delle particelle quasifisiche di massa crescente sono poste tra la particella extrafisica in arrivo (bianca) e la particella fisica target (nera).

Possiamo scegliere le masse delle particelle intermediarie nel modo seguente. Sia *μ(x)* una funzione sufficientemente regolare, definita nell'intervallo *[0,1]*, e tale che $\mu(0) = m$ e $\mu(1) = M$. Senza perdere in generalità, possiamo definire le masse delle *n+1* particelle (una particella extrafisica entrante, più *n-1* particelle quasifisiche mediatrici, più una particella fisica target) come segue: $m_k = \mu(k/n)$, $k = 0,1,2...,n$. Per calcolare l'efficienza energetica η_n del processo multiplo, dobbiamo semplicemente osservare che questa è data dal prodotto delle efficienze delle *n* collisioni sequenziali, cioè: $\eta_n = \eta_{0,1}\eta_{1,2}...\eta_{n-1,n}$, dove $\eta_{k,k+1}$ è il rapporto tra l'energia trasferita alla particella di massa m_{k+1} e l'energia della particella incidente di massa m_k, dato dalla formula:

$$\eta_{k,k+1} = \frac{4\alpha_{k,k+1}}{(1 + \alpha_{k,k+1})^2}$$

con $\alpha_{k,k+1} = m_{k+1}/m_k$. È quindi facile dimostrare che, nella misura in cui il numero di mediatori tende all'infinito (cioè, *n* tende all'infinito), l'efficienza η_n tende a *1* (diventa massima), purché $\mu(x)$ sia una funzione differenziabile [SASSOLI DE BIANCHI, 2007].

Per fare un calcolo esplicito, consideriamo il caso speciale in cui $\mu(x) = \lambda^{-x}m$. È allora semplice ottenere la seguente formula:

$$\eta_n = \left(\frac{2\sqrt{\lambda^{\frac{1}{n}}}}{1 + \lambda^{\frac{1}{n}}} \right)^{2n}$$

Per i valori $n = 1$ e $n = 2$, ritroviamo le due espressioni precedentemente derivate per η e η_2, rispettivamente. D'altra parte, con l'aumento del numero di particelle quasifisiche intermedie, i.e., quando *n* tende all'infinito, abbiamo che $\lambda^{1/n}$ tende verso $\lambda^0 = 1$, cosicché anche η_n tenderà verso *1*, in conformità con il risultato generale precedentemente menzionato.

Consideriamo ancora una volta il caso $\lambda=0,001$. Possiamo usare l'espressione precedente per calcolare i seguenti valori per η_n:

$$\eta_1 \cong 0,004; \quad \eta_2 \cong 0,014; \quad \eta_5 \cong 0,109; \quad \eta_{10} \cong 0,310;$$
$$\eta_{50} \cong 0,788; \quad \eta_{100} \cong 0,888; \quad \eta_{200} \cong 0,942; \quad \eta_{400} \cong 0,971$$

Così, per una disposizione di circa *100* mediatori, otteniamo che l'efficienza del trasferimento di energia è già molto prossima al suo valore massimo.

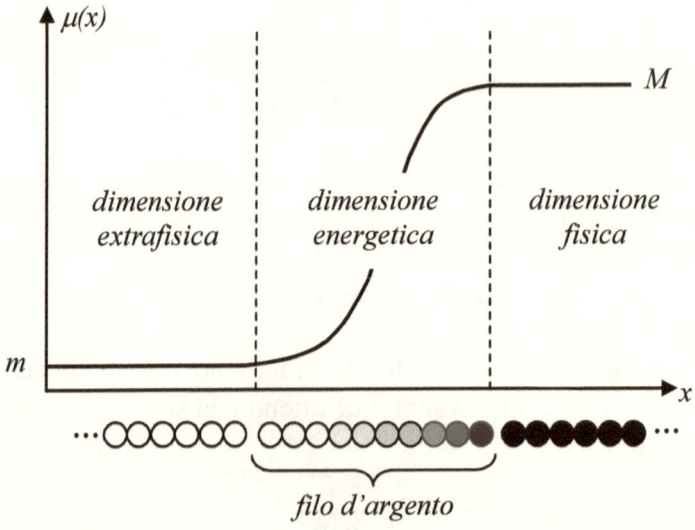

Figure 8. L'olochakra (filo d'argento): una struttura di massa variabile che fa da ponte tra la dimensione fisica ed extrafisica.

Riassumiamo brevemente i risultati finora ottenuti. L'ipotesi alla base del nostro modello ultra semplificato è che le sostanze appartenenti alle diverse dimensioni sono caratterizzate da diverse masse inerziali, una particella fisica essendo in media molto più massiccia rispetto a una particella extrafisica. Questa ipotesi, congiuntamente alle leggi di conservazione di energia e quantità di moto (che ipotizziamo essere valide anche nelle dimensioni extrafisiche), può spiegare la debole interattività tra materia e paramatteria. Secondo il modello, l'olochakra potrebbe essere inteso come un ponte interdimensionale formato da sostanze multidimensionali di densità variabile.

Il gradiente di densità dell'olochakra, tuttavia, non va compreso come effetto di una rarefazione dei suoi costituenti, quanto invece come conseguenza di una variazione delle loro proprietà inerziali intrinseche. Per garantire una massima efficienza nel download e upload di energia, è sufficiente che la massa delle particelle che compongono l'olochakra (filo d'argento) vari in modo sufficientemente regolare ($\mu(x)$ è differenziabile) quando si passa dal fisico all'extrafisico, e vice versa (vedi Figura 8).

IL MODELLO DI MASSA QUANTISTICO

Il modello di massa che abbiamo presentato è certamente molto semplice e il suo interesse risiede, principalmente, nel suo contenuto euristico. Ma tralasciando l'ipersemplificazione di aver considerato solo particelle unidimensionali non relativistiche e non quantistiche, sarebbe legittimo anche chiedersi su quale base possiamo ipotizzare che la massa inerziale di una particella diminuisca globalmente quando si passa da una dimensione esistenziale inferiore a una superiore. In altri termini:

Che tipo di rappresentazione possiamo adottare per giustificare l'ipotizzata "dipendenza dimensionale" della massa di una particella?

Una possibile risposta ci giunge dallo studio dei *cristalli non omogenei* e delle *eterostrutture semiconduttrici* (non-homogeneous crystals and semiconductor heterostructures). Infatti, nello studio delle proprietà di trasporto delle particelle quantistiche (per esempio elettroni) che si propagano in tali sistemi, è solitamente possibile descrivere l'interazione della particella con la struttura in cui si trova in termini di una *massa efficace*. In altre parole, secondo questa approssimazione, tutto accade come se la particella che si muove all'interno della struttura acquisisca una massa inerziale efficace di valore differente. Ne consegue che se il mezzo entro il quale si muove la particella non è omogeneo, la massa efficace di quest'ultima non sarà più una costante del moto, ma una funzione della sua posizione (vedi ad esempio [LÉVY-LEBLOND, 1995] e i riferimenti ivi citati).

L'adozione di un tale quadro concettuale permette di ipotizzare, per analogia, che l'olopensene caratteristico di un'intera dimensione del reale (come per esempio quella fisica, o quella extrafisica in quanto tale) sia simile a un enorme struttura cristallina ordinata, all'interno della quale le diverse entità energetiche sono in grado di manifestarsi e muoversi. Ciò significherebbe che le diverse entità materiali potrebbero sperimentare diverse masse effettive, a dipendenza dello specifico olopenesene dimensionale simil-cristallino in cui si troveranno immerse. Questo compatibilmente con la nostra ipotesi di una variazione delle proprietà inerziali delle particelle che attraversano le diverse dimensioni esistenziali.

La discussione di cui sopra ci permette di proporre un ulteriore modello (questa volta quantistico) in grado di spiegare l'inefficienza riscontrata nel trasferimento interdimensionale di energia. Invece di considerare delle particelle collidenti classiche di massa costante, possiamo ora considerare la propagazione di un flusso di particelle quantistiche indipendenti, aventi una *massa dipendente dalla posizione*. Quando si trovano entro il dominio extrafisico, le particelle avranno una massa efficace m, mentre quando si trovano entro il dominio fisico, essendo la struttura olopensenica differente, acquisiranno una maggiore massa efficace M.

In meccanica quantistica, l'equazione che descrive il moto (qui unidimensionale) di una particella "libera" di energia E con massa dipendente dalla posizione $\mu(x)$, è determinata da una versione modificata dell'equazione di Schrödinger [LÉVY-LEBLOND, 1995]:

$$-\frac{1}{2}\partial_x \frac{1}{\mu(x)}\partial_x\psi_E(x) = E\psi_E(x)$$

dove $\psi_E(x)$ indica la funzione d'onda della particella. Consideriamo la situazione in cui una particella extrafisica cerca di penetrare nella dimensione fisica, senza passare attraverso una struttura mediatrice come l'olochakra. In questo caso, la particella sperimenta una brusca variazione della sua massa efficace, quale conseguenza della forte discontinuità interdimensionale. Ciò significa che la massa efficace $\mu(x)$ della particella, dipendente dalla posizione, sarà descritta da una funzione a gradino (vedi Figura 9).

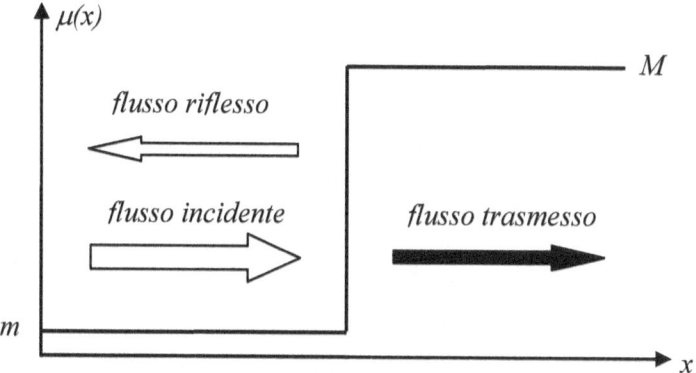

Figura 9. A causa della discontinuità nella funzione di massa, il flusso incidente di particelle extrafisiche si suddivide in una componente riflessa e una componente trasmessa.

Come in precedenza, siamo interessati a determinare l'efficienza η del trasferimento energetico interdimensionale, ora dato dal rapporto tra l'intensità del flusso di particelle trasmesse e l'intensità del flusso di particelle incidenti. Il valore di questo rapporto è in generale inferiore a *1*, in quanto non tutte le particelle che compongono il flusso incidente attraverseranno l'interfaccia interdimensionale. Parte del flusso in entrata sarà infatti riflesso. È importante sottolineare che il meccanismo di riflessione non è qui la conseguenza di un'interazione delle particelle in arrivo con una sorta di campo di forza. Le particelle infatti si muovono liberamente, e la loro riflessione al confine interdimensionale è solo il risultato di un effetto quantistico puro, dovuto alla variazione discontinua della loro massa efficace.

Più precisamente, l'efficienza η è data dalla probabilità di una particella quantistica di energia E di essere trasmessa attraverso la barriera di massa a forma di gradino. Utilizzando la summenzionata equazione di Schrödinger modificata, non è difficile calcolare tale probabilità [LÉVY-LEBLOND, 1992], che risulta essere:

$$\eta = \frac{4\sqrt{\lambda}}{(1 + \sqrt{\lambda})^2}$$

dove, come prima, $\lambda = m/M$. Precisiamo che un'identica espressione vale per delle particelle che viaggiano in direzione opposta, cioè che vanno dalla dimensione fisica a quella extrafisica.

Ora, per $\lambda = 1$, come ci si aspetta, $\eta = 1$. Inoltre, nella misura in cui il rapporto di massa λ tende a zero, il rendimento η tende a sua volta anch'esso a zero, il che significa che in questo limite tutte le particelle verranno riflesse indietro. Per il rapporto specifico $\lambda = 0,001$, otteniamo $\eta \cong 0,12 \cong 1/8$, che è circa *30* volte meglio di quanto abbiamo calcolato nel nostro precedente modello classico. Tuttavia, non dobbiamo paragonare questi due modelli, né quantitativamente né qualitativamente, in quanto le loro logiche sono molto differenti. (Nel modello classico precedente, il meccanismo di trasferimento di energia era la conseguenza di un processo di collisione tra due particelle, mentre nel presente modello quantistico è la conseguenza di un processo di trasmissione di una singola particella attraverso una barriera di massa. Si può naturalmente pensare di combinare questi due modelli in un quadro teorico più articolato, che preveda ad esempio la situazione più generale di un sistema di diffusione quantistica a N corpi, con masse dipendenti dalla posizione. Lo studio di un modello di questo tipo, tuttavia, va ben oltre la logica espositiva di questo articolo di natura esplorativa).

Ancora una volta, possiamo chiederci quale potrebbe essere il ruolo dell'olochakra nell'ambito del nostro modello di massa variabile. Per aumentare l'efficienza del meccanismo di trasmissione, è possibile immaginare l'olochakra come un morfopensene simil-cristallino disomogeneo, in grado di produrre una variazione molto uniforme e graduale della massa inerziale delle particelle. Infatti, utilizzando un adattamento della cosiddetta approssimazione semiclassica *WKB*, è possibile mostrare che per una funzione di massa $\mu(x)$ sufficientemente liscia e lentamente variabile, la totalità del flusso incidente può essere trasmesso, rendendo così l'efficienza energetica del processo massimale.

OSSERVAZIONI CONCLUSIVE

Perché gli oggetti hanno una massa? Qual è la tipica risposta che i fisici oggi danno a questa domanda molto semplice e allo stesso tempo molto difficile? Secondo il fisico e filosofo *Ernst Mach* (1838-1916), l'inerzia non può esistere in uno spazio vuoto, in quanto risulta dalla mutua interazione gravitazionale tra tutte le entità che popolano l'universo. Questo è il cosiddetto *principio di Mach*. Nel 1961, il principio di Mach è stato integrato con successo nelle equazioni della relatività generale di *Einstein* da *Carl Brans* e *Robert Dicke* [BRANS & DICKE, 1961], nella forma di un campo variabile (nello spazio e nel tempo) che determina l'intensità delle forze gravitazionali, e di conseguenza (a causa del principio di equivalenza), le masse inerziali dei diversi oggetti materiali. Questo è il cosiddetto *campo di Brans-Dicke*.

Negli stessi anni, ma in un contesto completamente diverso, *Peter Higgs* [HIGGS, 1964] ha discusso di come un campo che permea l'intero universo (già introdotto da *Jeffrey Goldstone* come soluzione speciale di certe equazioni di campo) potrebbe essere responsabile, attraverso la sua interazione con tutti i tipi di particelle, di un meccanismo di generazione di massa (un fenomeno di rottura di simmetria, noto come *meccanismo di Higgs*).

Alla fine degli anni settanta, grazie al lavoro di una generazione di fisici ben formati sia nella fisica delle particelle che in cosmologia (in particolare *Anthony Zee*, *Lee Smolin*, *Alan Guth*, *Andreï Linde* e *Gabriele Veneziano*), ci si rese conto che il campo del Brans-Dicke e il campo di Goldstone-Higgs erano solo due diverse descrizioni di uno stesso fenomeno, forse all'origine dell'inerzia nel nostro universo.

Oltre al campo di Brans-Dicke, o di Goldstone-Higgs, molti autori hanno proposto meccanismi alternativi per spiegare l'inerzia. Citiamo, a titolo di esempio, il modello di campo di punto zero di *Haisch*, *Rueda* e *Puthoff* [HAISCH *et al*, 1994], o il più recente modello a base di forze entropiche di Erik Verlinde [VERLINDE, 2011].

Ad ogni modo, la nostra intenzione non è certo qui quella di riassumere in modo completo i diversi approcci delle moderne teorie fisiche su questo difficile tema, ma semplicemente sottolineare che secondo alcuni tra i modelli più avanzati è del tutto naturale supporre l'esistenza di un campo variabile in grado di conferire alle diverse entità materiali le loro caratteristiche inerziali. Tutto questo è compatibile con l'ipotesi euristica alla base del presente lavoro, che considera che la massa efficace delle particelle fisiche ed extrafisiche sia una conseguenza della loro interazione complessiva con un campo olopensenico multidimensionale variabile, in grado di dare forma e demarcare la dimensione fisica e quella extrafisica.

Detto questo, osserviamo che secondo la teoria della relatività, la massa di un corpo non è una quantità conservata. Infatti, secondo la famosa equazione di Einstein, $E = mc^2$, massa ed energia sono concetti del tutto equivalenti. Nel nostro modello, tuttavia, quando facciamo riferimento alla massa di una particella, ciò che intendiamo è la sua *massa a riposo*, e non la sua massa relativistica. In altri termini, la variazione di massa che abbiamo ipotizzato non va confusa con l'aumento relativistico dell'inerzia di una particella, in funzione della sua velocità.

Possiamo osservare che il nostro modello di massa ipotizza una diminuzione della massa inerziale quando si passa dalla dimensione fisica a quelle extrafisiche. Il modello di frequenza, invece, ipotizza un aumento della frequenza di vibrazione quando si va dal fisico all'extrafisico. *Sono tra loro compatibili queste due ipotesi?*

Per rispondere a questa domanda, possiamo considerare l'esempio paradigmatico di un sistema formato da un corpo materiale di massa *m* collegato a una molla di costante elastica *k*. Come è ben noto, la frequenza *f* delle sue oscillazioni armoniche è data dalla formula $f = (k/m)^{1/2}/2\pi$. Pertanto, nella misura in cui la massa del sistema diminuisce, la sua frequenza di oscillazione aumenta, e viceversa. Questo indica che se descriviamo un'entità fisica come un sistema che possiede una certa quantità di energia potenziale, che può essere convertita in un moto oscillatorio interno, allora la descrizione dei modelli frequenza e di massa non sono in linea di principio incompatibili.

Il modello di massa ci permette di capire la separazione energetica tra le diverse dimensioni esistenziali nei termini di un'inefficienza del trasferimento di energia. Ci sono naturalmente molti esempi di fenomeni parapsichici che evidenziano questa bassissima efficienza del meccanismo di trasferimento energetico. Si può citare l'esempio della telecinesi, dove il tasso di successo è notoriamente molto basso, e un dispendio rilevante di energie coscienziali è solitamente necessario per spostare anche l'oggetto fisico più piccolo e leggero.

Il modello di massa sottolinea anche la necessità di strutture come l'olochakra: mediatori di natura multidimensionale la cui massa (densità) varia uniformemente e gradualmente, in modo da collegare le dimensioni fisiche ed extrafisiche, grazie a un accrescimento considerevole (se non massimale) dell'efficienza del trasferimento interdimensionale di energia.

A parte la struttura interna del nostro olosoma, è naturalmente possibile identificare numerose altre situazioni in cui la presenza di un mediatore può consentire un notevole miglioramento della comunicazione interdimensionale. Un tipico esempio è la tecnica detta *ceneper* (*compito energetico personale*) (vedi [Vieira, 2002], p. 594 e Figura 293), un processo durante il quale una guida (un'entità appartenente alla dimensione extrafisica, senza un veicolo fisico-denso) trasmette le sue energie coscienziali di guarigione a una coscienza malata (una coscienza intrafisica proiettata, oppure una coscienza extrafisica che non ha ancora superato la seconda morte; vedi *AutoRicerca*, No. 5, anno 2013). Per promuovere con efficacia il trasferimento di energia, la guida utilizza la mediazione del praticante "cenepista," il cui olochakra funge da ponte di collegamento di massa intermediaria tra la guida "peso piuma" e la coscienza malata "peso massimo."

Ancora più interessante è la tecnica di energizzazione a tre (vedi [Vieira, 2002], p. 696 e Figura 357), dove la guida, che opera questa volta su una coscienza intrafisica, utilizza due entità mediatrici allo stesso tempo: una molto sottile (una coscienza intrafisica proiettata) e una più densa (una coscienza intrafisica non proiettata). Secondo il nostro modello semplificato, possiamo ipotizzare che tale configurazione a due mediatori permetta un ulteriore guadagno di efficienza, rispetto all'utilizzo di un solo mediatore, come è il caso nella tecnica ceneper standard.

Come ultimo esempio di struttura mediatrice quasifisica, possiamo menzionare il *campo assistenziale bioenergetico*, come attuato per esempio nel *Corso di Sviluppo della Coscienza – Avanzato 2*, promosso dalla *IAC* (International Academy of Consciousness), o in altri corsi simili promossi da organizzazioni di tipo coscienziologico. Grazie al collegamento stabilito tra un team di guide extrafisiche avanzate (che fanno anche ricorso a una specifica paratecnologia) e l'olochakra di una determinata coscienza intrafisica, che funge da epicentro, una particolare bolla energetica multidimensionale viene generata ed emessa a partire da quest'ultimo. Possiamo ipotizzare che se tale campo bioenergetico è in grado di ridurre il divario tra la dimensione fisica ed extrafisica (come è possibile convincersi facendo esperienza dello stesso) è perché probabilmente è formato da sostanze la cui densità varia gradualmente; ossia, si tratterebbe di una vera e propria struttura multistrato, di densità di massa variabile.

Per concludere, dobbiamo sottolineare ancora una volta che la validità del nostro modello di massa si basa su numerose ipotesi altamente speculative (questo è il caso anche per il modello di frequenza). Non solo abbiamo assunto che l'energia e la quantità di moto sono grandezze conservate anche nelle dimensioni extrafisiche, ma anche che concetti fisici quali la massa e la densità (o la frequenza e l'intensità nel modello di frequenza) restino significativi anche nei domini "non fisici." Naturalmente, nulla è meno certo di questo, considerando la nostra attuale conoscenza molto limitata della parafisica.

RINGRAZIAMENTI

È un piacere ringraziare Nelson Abreu per le numerose e fruttuose discussioni, e per la sua lettura critica del manoscritto.

BIBLIOGRAFIA

[BASHKANSKY, 2006] Bashkansky, E. and Netzer, N., "The role of mediation in collisions and related analogs," American Journal of Physics, 74, pp. 1083-1087 (2006).

[BRANS & DICKE, 1961] Brans, C. and Dicke, RH., "Mach's Principle and a Relativistic Theory of Gravitation," Physical Review 124, pp. 925-935 (1961).

[HAISCH *et al.*, 1994] Haisch, B., Rueda, A. and Puthoff, H. E., "Inertia as a zero-point-field Lorentz force," Physical Review A, 49, pp. 678-694 (1994).

[HIGGS, 1964] Higgs, Peter W., "Broken Symmetries and the Masses of Gauge Bosons," Physical Review Letters; 13, pp. 508-509 (1964).

[ISHIDA, 2010] I. Masayoshi, "Rebuttal to Claimed Refutations of Duncan MacDougall's Experiment on Human Weight Change at the Moment of Death," Journal of Scientific Exploration, Volume 24, Number 1 (2010).

[LÉVY-LEBLOND, 1992] Lévy-Leblond, J.-M., "Elementary quantum models with position-dependent mass," European Journal of Physics, 13, pp. 215-218 (1992).

[LÉVY-LEBLOND, 1995] Lévy-Leblond, J.-M., "Position-dependent effective mass and Galilean invariance," Physical Review A, **52**, p. 1845, 1995.

[MACDOUGALL, 1907] MacDougall, D., "Hypothesis concerning soul substance together with experimental evidence of the existence of soul substance," American Medicine 2, pp. 240-243 (1907).

[SASSOLI DE BIANCHI, 2007] Sassoli de Bianchi, M., "Comment on 'The role of mediation in collisions and related analogs,' by E. Bashkansky and N. Netzer," American Journal of Physics, 75, p. 1166 (2007).

[VERLINDE, 2011] Verlinde, E., "On the origin of gravity and the laws of Newton," Journal of High Energy Physics, 2011:29 (2011).

[VERNON VUGMAN, 1999] Vernon Vugman, N., "Conscientiology and Physics: A Desirable Couple?," Journal of Conscientiology; Volume 1, No. 4, (1999).

[VIEIRA, 2002] Vieira, W., *Projectiology, A Panorama of Experiences of the Consciousness outside the Human Body;* Rio de Janeiro, RJ – Brazil, International Institute of Projectiology and Conscientiology (2002).

Nota: la versione inglese (e portoghese) di questo articolo è stata pubblicata nel Journal of Conscientiology, Vol. 11, No. 43, 2009, pp. 297-315. La traduzione in italiano, dal portoghese e inglese, è a cura dell'autore.

A PROPOSITO DI AutoRicerca

AutoRicerca è una pubblicazione la cui missione è diffondere scritti di valore sul vasto tema della *ricerca interiore*.

AutoRicerca si pone al di fuori delle abituali categorie editoriali: non è la solita rivista di facile divulgazione, dai contenuti "fast-food," ma nemmeno un "journal accademico," rivolto ai soli specialisti.

AutoRicerca offre ai suoi lettori articoli di notevole livello, selezionati, controllati e tradotti personalmente dall'editore. Si tratta di testi che pur esigendo un notevole impegno per essere assimilati (vanno studiati, non letti!), restano pur sempre accessibili al lettore generico, purché animato di buona volontà e desideroso di imparare qualcosa di nuovo.

AutoRicerca è una pubblicazione d'avanguardia non solo per i contenuti, ma anche per le modalità con cui la rivista viene stampata e diffusa, avvalendosi dei moderni sistemi di pubblicazione "on-line," che consentono di offrire, a costi ragionevoli, un prodotto sia in versione elettronica, sia in versione classica cartacea. Questo modo di procedere presenta numerosi vantaggi. Riducendo al minimo l'investimento dell'editore, svincola i fruitori della rivista dall'obbligo di un abbonamento, rimanendo liberi di acquistare anche solo quei numeri il cui contenuto è di loro interesse. Consente inoltre di avere accesso anche solo alla versione elettronica della stessa, che essendo facilmente memorizzabile e catalogabile sul computer, risolve il problema della notoria mancanza di spazio nelle biblioteche dei lettori-autoricercatori.

Non meno importante è il fatto che la versione elettronica consente di risparmiare qualche albero di questo bellissimo pianeta. E comunque, per coloro che non desiderano rinunciare all'esperienza tattile di una rivista cartacea, c'è sempre, in ogni momento, la possibilità di ordinare, farsi stampare e spedire direttamente a casa, con la facilità di un click, anche un singolo volume della rivista.

Non è quindi necessario un abbonamento per ricevere *AutoRicerca*. Se desiderate essere informati sulle nuove uscite, non avete che da visitare, di tanto in tanto, il sito *www.autoricerca.com*, o *www.autoricerca.ch*, e controllare se un nuovo numero è stato pubblicato (attualmente il ritmo di pubblicazione è di due volumi all'anno).

Oppure, più comodamente, potete iscrivervi alla mailing-list, così da essere sempre avvertiti tempestivamente di ogni nuova uscita. Per quest'ultima opzione è sufficiente inviare una e-mail all'indirizzo *info@autoricerca.ch*, indicando nell'oggetto "mailing-list-rivista," e specificando nel corpo del messaggio nome, cognome e paese di residenza.

autoricerca.com

NUMERI PRECEDENTI

NUMERO 2, ANNO 2011 – FISICA E REALTÀ

NUMERO 3, ANNO 2012 – L'ARTE DI OSSERVARE

Numero 4, Anno 2012 – Scienza e Spiritualità

NUMERO 5, ANNO 2013 – OBE

www.ingramcontent.com/pod-product-compliance
Lightning Source LLC
Chambersburg PA
CBHW030008190526
45157CB00014B/1284